THE MIND MAPPING

思维导图法

高效开发孩子的左右脑

教出爱学习、会学习的快乐小孩

王心怡　孙易新／著

北京时代华文书局

[作者序]

父母是儿女最棒的老师

王心怡

与思维导图的第一次相遇，缘于当时任职学校校长的介绍，那时我正在带一个四年级的班级，台湾史刚成为四年级社会课本很重要的内容，但是这些内容连身为老师的我都不是那么熟悉，加上课文中有很多陌生的字词，因此读起来实在不容易理解。那时候正好看到孙易新老师写的《多元知识管理系统：心智图法基础篇》，觉得这本书非常有意思，我觉得思维导图笔记真是既美丽又有趣！

于是我把思维导图笔记介绍给了班上的学生，询问大家愿不愿意试试看？孩子们一看到色彩缤纷的思维导图，每个人都跃跃欲试。后来我们班社会科平均成绩竟然进步了5分之多，那是我第一次感受到思维导图笔记的威力。尽管如此，我对于书上提到思维导图法的广大用途，还是有些疑问。

有了孩子之后，除了喜悦，我竟然立刻想到她又要跟我以前一样要经历黑暗的中学时期，并且越想越焦虑。这时我突然又想起了思维导图笔记的威力。这一次，我得好好学一学，不然把我这辈子最重要的学生教错了怎么得了。

于是我开始向华人思维导图法权威讲师孙易新老师拜师学艺，忘掉自己已是老师，重新学画重点、写笔记。由于我硕士学的是教育心理与咨商，在学习思维导图法的过程中，我发现原来“学习心理学”理论已被运用在思维导图法的学习之中，那种看到理论被实践的兴奋，激发了我继续精进学习的动力。

思维导图法的学习开启了我人生不同的视野，也使我的学习更上一层楼。原本我是为女儿而学习，但没想到自己因此收获更多，无论在工作上还是学习上，思维导图法的思考方式，都让我可以从更多元的角度看清楚问题。同时思维导图法也帮我省下不少时间，让我可以兼顾工作、学业与家庭。

很多人问我：“思维导图法什么时候学最好？”我的回答是从小孩子还在妈妈肚子里时就该学了。这个答案是从女儿身上得到的。怎么学？当然是做爸妈的要先学。学了思维导图法后，包括买玩具、陪孩子玩都会从发展多元智能的角度来考虑，给孩子更丰富的视野，自己也由此被开启更多的潜能，获得再成长的机会。

凡走过必留下痕迹，陪伴女儿成长的这十几年，有说不完的故事，整理起来还真是一项大工程。能够有机会将这些历程写成书，我非常感谢孙易新老师软硬兼施的鼓励，他不但教我思维导图法，让我有运用的舞台，最后还让我有机会回顾和女儿学习成长的历程，一边写一边重新感受当时学习思维导图法的初心。也要谢谢商周出版的淑华，她有无比的耐心，给我温柔而又坚持的提醒，让我可以持续地完成。谢谢“孙易新思维导图法®”的工作团队以及讲师群，让我在这个思维导图法大家庭里不断学习成长，也感谢孟妏、琇方和韦铭慷慨提供教学分享。

最后我必须说：女儿！是你给妈妈无穷的动力继续学习、继续成长，感谢你，感谢老天，让我们成为母女！

[作者序]

坚持到终点，比赢在起跑点更重要

孙易新

许多关心孩子的家长都不愿意让自己的孩子输在起跑线，所以每天带着他们学这个、补那个，甚至还参加智力测验的补习，目的就是想要进入名校。

然而为人父母的我们有没有想过，这是孩子想要的吗？他们喜欢这样子的学习吗？有多少赢在起跑线上的孩子中途掉队？能坚持到终点的又有几个？

太在意当下的成绩，只是强迫孩子记忆一大堆课本上的知识，却缺乏思辨与学习能力的培养，导致他们到了有自主决定权的年纪，却远离课本、拒绝学习，这样要如何在快速变化的社会环境中生存呢？因此，思考力与学习力才是孩子在学龄阶段应该要学习的，也是父母送给孩子受用一辈子的礼物。

这本书是王心怡老师带领她女儿Fiona学习成长的故事。2006年王老师为了让女儿拥有一个快乐学习的童年，报名参加我们公司的思维导图法师资培训班，并将课堂所学充分应用在学校教学和Fiona的日常生活中。十年过去了，Fiona即将小学毕业，我在她的身上看到了卓越的成效。

小学六年都没上过课外辅导班的Fiona，每天一早到学校参加田径队、篮球队的集训，放学后忙着上钢琴课、画画班、积木课、学魔术、学摄影，看似没怎么读书，每次考试各科成绩都能保持85分以上，凡是用思维导图整理读书笔记的科目，一定都可以拿到90分以上，甚至经常考满分。

我问Fiona："你是怎么办到的？"

她回答说："我也不知道！课本的东西用妈妈教我的思维导图整理成笔记之后就记住了。"

没错，思维导图法已经内化成她的能力了！

为了让各位家长、老师了解如何应用思维导图法培养孩子的思考力与学习力，本书以训练创造力的四个历程：准备期、酝酿期、豁朗期与验证期来描述Fiona的学习之旅，期盼通过本书，为您的思维导图法应用带来启发，也对您的小孩有所帮助！

目 录

（中学阶段）

Part3 豁朗期～掌握读书技巧，分科学习有效率

BOX

教会孩子习惯思考，乐在学习

有人说："看得远的就是好母亲。"我想父母看得再远，还不如培养孩子自己本身厚实的适应能力，学习用富有创造力的眼光看待世界。

英国心理学家瓦拉斯（G.Wallas）是一位颇负盛名的国际级教育大师，他认为创造力思考的历程包括：准备期（preparation）、酝酿期（incubation）、豁朗期（illumination）及验证期（verification）。

其实我认为瓦拉斯的理论不仅是创意思考历程，也适用于学习的历程。

学习需要思考，如果是不经由思考的学习，就流于填鸭式，孩子感受不到学习的乐趣，对于学习只感到沉重的压力。记得中学时的考试压力让我几乎喘不过气来，往往差之毫厘，失之千里；而在20年后，我的孩子还是只能重复不愉快的学习经验吗？

认知心理学家皮亚杰（J.Piaget）认为学习就是一连串不断同化和调适的历程。相对于同化来说，调适是比较辛苦的，需要调整甚至改变自己原来的基模，形成一个新的认知，而被改变怎么会轻松呢？

我认同学习是辛苦的，但学习却可以不痛苦。如果读书有成果，怎么会觉得痛苦？只是过去多少认真苦读的学子们，牺牲睡眠和玩乐时间读书，在付出这么多努力之后，接到成绩单的那一刻却仍然感到胆战心惊。有什么方法可以帮助我的孩子有学有分，让所学成为她面对未来的能力呢？

未来的世界不是我们现在能够想象的，孩子们若无法用富有创造力的眼光看待所要面临的世界，那么他们终将被时代淘汰。因此，我希望我的孩子除了通过扎实的学习，将过去珍贵的人类知识结晶吸收成为自己的实力，也要能够经由思考力、批判能力、创造力的整合，发展出面对未来世界的能力。

而从瓦拉斯的创造力发展历程来看学习，在准备期（学龄前期）可以从多元智能的观点，帮助孩子大量积累，为学习做好准备，并让他们对相关知识产生理解与链接。

酝酿期时，进入小学阶段，开始经由在学业方面的学习，以及不断的、大小不同的问题解决（像是大小考试与测验，就是一种经过条件控制下的问题解决练习），慢慢地将知识与经验转化成孩子们的能力。

到了中学阶段，进入豁朗期，孩子们因为在酝酿期学会了知识整合，培养出了学习新事物会先找学习方法的自动化反应，对于可能出现的学习挫折，也能正确面对，并不以能力差而贬低自己，而会认为可能是方法不对，进而产生面对挑战的勇气。

最后进到运用过去所学独立发展的验证期，也就是进入了成年期。这个时期人们在面对问题时，会很自然地搜寻过去的经验进行验证，有些可以类推过去经验得到解决，有些不见得就这么容易，但是依然可运用过去产生新知识的经验进行终身学习，如此便能不断积累新的能力，具备不同环境的适应力。

孩子们将来面对的世界不是我们可以预知的，五年前智能型手机还不普遍，但两年前就有初中学生滑着手机App告诉我，他写的App已经挂在App 商店售卖了；过去我们认为想炫、穿名牌就要花大钱，但现在的孩子们已发展出享受名牌并小心翼翼保护，然后转手以限量方式赚回之前消费，甚至因限量赚回更多的消费模式，这时候过去的消费反而变成了一种投资。

思维随着时代不断地改变，挑战着我们对孩子们的教育。有人说：“看得远的就是好母亲。”我想父母看得再远，还不如培养孩子自己本身厚实的适应能力。因此，接下来就以瓦拉斯的创造历程产生架构，跟大家分享如何将思维导图法运用于学习成长，以达到“享受学习”的终身学习。

PART 1

启发多元智能
做好学习的准备

~准备期（学龄前期）~

学龄前期的孩子，不管你给他什么，他都能够尽快地吸收，而且他对这个世界非常地好奇，借由自己的五官不断探索这个世界。因此，在这个阶段里，我们从多元智能的观点出发，应该多给予孩子探索这个世界的机会，充分提供刺激来发展他的五官感觉。在玩具的选择上，也要能够培养孩子对学习的兴趣，建立孩子学习的深度及广度，并从生理及认知层面了解孩子的发展需求，建立多元智能学习的基础。

父母让孩子在婴儿期这个阶段，吃得饱、睡得好、给他充分的爱是这个时期最重要的工作，多跟孩子互动，让孩子跟自己产生重要的连结，开启爱的情绪账户；幼儿期的孩子什么都好玩，什么都想摸一摸，这时他们有最敏锐的五官，最不受限的创意。让我们蹲下身来，用跟孩子一样的高度看这个世界，做孩子探索这个世界最重要的后盾。

第1章

带着他多探索、多玩，孩子未来的路会走得更踏实

在我们过去的学习经验里，以语文、数学、英文、社会和自然占了大部分，读书最主要就是读好这些科目，考上一个好的学校。然而进了大学，虽然也考上不错的学校，拓宽了我的视野，发现世界上其实还有好多有趣的知识值得去探索，但我却没有足够的能力去享受这些其他的知识带来的快乐。好比说美术方面，我想要画画，却总是无法提起笔，画出让自己满意的画；现在流行的曼陀罗或是禅绕画，看别人画都很漂亮，自己要提起笔来却总是非常的辛苦和犹豫。大家在疯骑脚踏车、滑蛇板或是慢跑，又发现自己的运动细胞没那么好；要聆赏音乐，也没有足够的音乐素养……

多元智能是由美国学者嘉德纳（H.Gardner）在1983年所提出来的，他认为人类智力并不是只能从学科来看，应该至少包括有语文智能、逻辑数学智能、空间智能、音乐智能、肢体动作智能、人际智能、内省智能及自然观察智能。过去的学校大多强调学生在逻辑——数学和语文（主要是读和写）这两方面的能力。从多元智能理论来看，这只是人类智能的一部分，不同的人会有不同的智能组合，例如：建筑师的空间智能比较强，作家的语文智

能、业务员的人际智能也都优于其他人。

虽然人类的智能可以从不同的角度来看，但如果我们要能够灵活运用这些智能，其实必须要从早期发展时就给予一些刺激，以后才比较容易重新被激发。经由这样的观点，我决定让我的孩子从婴幼儿时期就有计划性地接触各种不同刺激，使得她的大脑神经能够活化，而且要在快乐的情绪之下去接触各种刺激，这样记忆才能够长存。

奠定婴儿期的多元智能基础

生理方面

一岁以前的孩子大多着重在睡眠，这时候给他一个不受干扰的睡眠环境是相当重要的，因为在这一年中孩子的身体仍然在急速成长，需要消耗相当多的能量，必须要有充足的睡眠，才能应付全身性的发展。

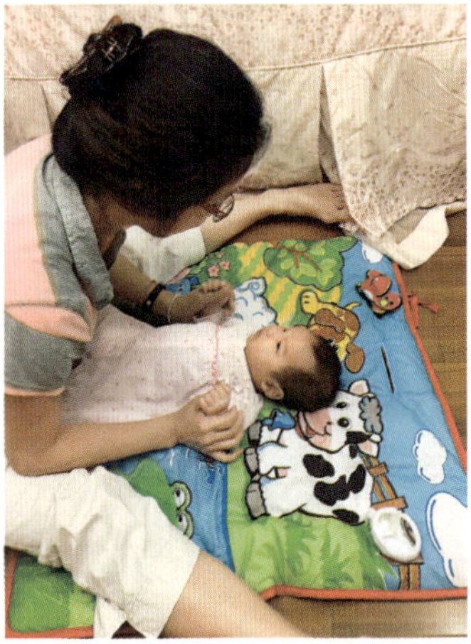

在身体活动的部分，这个时期我着重于孩子肌肉用力的发展，常常会伸出两手食指让她用两个小小手掌握着，然后慢慢地往上拉，通过像玩游戏的方式，用这样的动作训练她手部肌肉的力量，因为接下来大部分的时间她都需要靠双手来探索这个世界。

每当她的小手握住我的手指头时，我就会一边发出“加油！用力！”的声音，一边协助她的身体往上抬起。这是一个可以同时进行眼睛和肢体接触的活动，孩子通常会做得非常开心，跟着大人练习使用她的手和腹部，将小小的身体往上抬起，这个时候要特别注意孩子的手部关节，大人可以扶住整只手臂的部分，防止婴儿的关节拉伤。

让她能够自行运动自己的肌肉是我们做这个动作最主要目的。不过在前几个月也不要用太大力去拉，只要感受到小手有拉着手指的力量就可以了，接下来等她慢慢地、越来越能够跟你有眼神接触的时候，就会自己想办法抓着你的手，使用腹部的力量挺起身体。到了三个月后，让她自己趴着玩一段时间，此时她会自己抬头，或用手将胸部撑离床面，转头张望，而看到更多的东西。

另外，选择有立即性回馈的玩具给孩子是非常重要的。女儿出生没多久，我曾买过一种可放在床尾的布制立式钢琴键盘，让女儿可以用脚踢到。每当她踢到琴键，听到发出声音，就会非常开心，然后会更用力地去踢。虽然只是不经意地踢到，但是当她发现会有声音回馈时，就会很有兴趣地继续踢，不断地踢，就完成很重要地腿部运动。

每天帮女儿洗完澡、擦乳液时，我会用手为她做全身的按摩，没有什么特别的手法，只是轻轻地用手掌在她身体上慢慢地抚摸，并且注意保持温暖，力道不能太大，眼神要与孩子有交流，然后一直跟孩子讲话，让她能够感受到我对她的爱。

在按摩过程中，对于她的关节也会轻柔地帮她做一做运动，像是肩关节和鼠蹊部的关节，这些平常比较不容易运动到的部分，可以借由每天短短时间的按摩运动，让孩子全身都获得舒展。

认知方面

孩子在婴儿期多半躺着或是趴着，满月后开始对周围的声音有反应，到两个月时听力便相当进步，因此声音是这个阶段最容易提供的刺激。

虽然视力发展需要到三四个月后，甚至满一岁，才能渐渐看清楚这个世界，但是他的耳朵却已经开始非常灵敏了，所以这时可以提供一些音乐来刺激孩子的听觉。

我没有特别一定要培养孩子有什么样的音乐素养，不管是古典音乐、流行音乐或儿歌，都可以播放给他听。当他开始会转头时，父母还可以利用声音大小，以及看孩子对声音来源的反应，来检查孩子的听力是否正常。

除了音乐之外，这个时期母亲的声音对于孩子有很重要的安定力量，常常跟孩子说话，或是念故事书给他听，都是储存亲子关系很好的方式。当然，爸爸也要把握这个孩子一定会乖乖听你说话的机会，多多温和地将你的声音带给他，让孩子可以越来越熟悉爸爸的陪伴。

小孩子出生十五天左右就具有辨别颜色的能力，刚出生的宝宝双眼眼珠无法一起固定看着某个物体，在他眼前晃动小玩具，或是挂一些会晃动的玩具，有助于视力发展，因此这时候我会给他一些颜色方面的刺激。

在颜色部分，我先选择最明显的红、黄、绿和蓝这四个颜色，坊间有卖一些彩色方块，质地柔软，甚至按压还会发出声音，我常常手拿着这类玩具，对着我的女儿，重复不断地告诉她：“这是红色”“这是黄色”“这是蓝色”“这是绿色”……有时还会用英文发音，让她借由接近这些颜色，对于探索这个世界又多了色彩的成分存在。当孩子看到不同颜色时，她其实就已经开始以颜色奠定出分类的概念了。

另外，我还在女儿只能躺着、趴着的婴儿期买了一个像地垫一般大的布书给她，这种布书上面有各种不同的刺激物，包含了声音、触觉和颜色，孩子很喜欢玩这个游戏玩具，因为她可以自己去碰触操作，然后从这些动作中获得乐趣。

开启幼儿期的多元智能发展

生理方面

过了一岁，到上小学之前，女儿开始能走能跳，有了自主行动的能力，对她来说，这世界充满了各式各样的吸引力。这个阶段的孩子对任何事物都很好奇，因此在这时间点我提供给她的玩具和活动都相当多元。

在体能的方面，我尽量让她可以做全身性肌肉的活动，像是到公园里玩各种攀爬的游戏、溜滑梯、荡秋千、玩跷跷板，这些都是相当好的活动。孩子借由这些大动作的活动，不仅能锻炼肌肉，同时可以刺激大脑不同部位的发展，也有助于情绪、认知理解、语言等发展。

而这时孩子也开始渐渐意识到除了自己以外的他人，在游戏中培养人际互动的能力，所以这个阶段要让孩子有比较多的机会跟同龄人相处。在过去的社会，家里多少会有一、二个兄弟姐妹，孩子们在家庭中有兄弟姐妹一起玩耍，甚至吵架，但现代的家庭大多都只生一个，孩子连吵架的机会都没有，这时父母就得安排一些机会让孩子学习，不然往后遇到不顺自己意时，都可能出现比较大的负面情绪，而多带孩子参加一些有同年龄小孩的家庭活动，除了可以分享当父母的甘苦谈，更是帮独生子女制造与同龄人互动的大好机会。

认知方面

在这个时期可以通过玩具帮助孩子练习思考的能力。

当孩子知道什么是颜色之后，我就开始给她玩“花片”，这个玩具有不同的颜色，包含了花瓣、花心和叶子，也因此会有很多不同的分类方式。

当我问她：“这是什么颜色？”孩子会尝试去回答黄色、蓝色、绿色。而要让孩子能够了解“颜色”，相对的是红、黄、蓝。当我拿起花瓣问孩子：“这是花的什么？”她就会以花瓣、花心和叶子的分类来回答我。

刚开始会有一些错误，不过孩子渐渐地能够了解，当我问："这是什么颜色？"她要回答的是红黄蓝；而当我问她："这是花的什么？"她会回答花瓣、花心和叶子。孩子对于同一种物品会有不同的答案，开始有了一些思考，建立起先了解目的、再进而分类的概念，而分类就是逻辑的基础。

当然这样子的玩具不是只能够拿来做分类玩法，有的时候我们会发挥创意，让孩子拿起花瓣当作太阳眼镜，或是把花瓣挂在手指上转，并配上音乐，让她好像在表演一样，这也使她同时练习到手指头的精细动作。

此外，我也很重视女儿五官方面的刺激训练，包括触觉、嗅觉和味觉。

在触觉上面我提供给孩子很多不同方式的感觉，像是洗澡的时候，我们一起泡在浴缸里，最喜欢玩的游戏就是用两个水勺，一个放了比温水稍微烫一点的水，另一个放入加冰块的冷水，我们一边泡着温水，一边玩着"这个是更热、这个是好冷"，女儿一手摸着冷水，一手摸着热水，接下来再感受到身体泡着的温水，在不知不觉中，她已经对温度有了实际体验的感觉。同时她后来也会发现冰块慢慢变不见了。当孩子看到冰块不见的时候，我就会告诉她："冰块已经变成水了。"所以在冰块融化时，她也已经有了物质形态会改变样子的概念。

那时我另外还买了一种用木头裁切成很多不同形状、不同颜色的玩具。这个

玩具也很有趣，除了玩形状对应游戏之外，我们两个最常玩的方式就是把几个不同形状的小玩具放在一个袋子里面，当手伸进袋子，准备拿出某一个小玩具时，我们会猜它是什么形状？什么颜色？我女儿非常喜欢玩这个比赛，她几乎都可以猜对。

你会很惊讶地发现，孩子的记忆力以及手指的触觉敏感度非常高，玩这个游戏的时候，手指头一边在摸这些玩具，大脑也跟着飞快地转，你必须从手指间传来的讯息，去判断这是什么形状；在判断形状之后，还要去回忆这个形状在记忆里是什么颜色。

刚开始玩，我会让女儿只拿五六个小玩具放在袋子里，因为五个元素在我们的大脑记忆中是一个记忆的广度基础，若一下子给孩子太多个玩具，她会没有办法想象里面是什么，必须循序渐进增加孩子记忆的容量，才能够在不影响孩子兴趣的情况下，慢慢地激发孩子的潜能。

这样的游戏，我当初只是纯粹为了能够给孩子多方面的指尖刺激，没想到在女儿十一岁时竟然靠着敏感的指尖刺激记忆，依油墨痕迹摸出印在白纸上的数字差异，帮我顺利地抽中了大奖！由此可以验证，像这类刺激持续进行一段时间，其实会在孩子的大脑神经留下一些记忆的痕迹，而当类似刺激再度出现时，孩子自然比较容易上手。

小提醒

□ 安全提供五官、肢体的刺激，让孩子可以不受限地感受这个世界。

□ 爱的账户从现在开始建立，多跟孩子互动就是多存进一些爱，当孩子拥有的爱足够多时，才有勇气探索、感受这个世界的美好。

Column

跳开资优迷思

资优到底是什么？

有些父母会觉得资优生可以跳级就不要多浪费时间在学校里。事实上，适合资优的学习并不仅仅只是跳级，从人的一生发展来看，我们何必让孩子快速地通过学习阶段？除非孩子对于一般学习真的无法有任何收获，否则跳级与否其实需要审慎地考虑。

人生幸福指标 不只是成绩单上的数字

学习阶段是孩子既单纯又容易自己掌握的阶段，如果孩子可以因为在学习上产生的可控制感，发展出对自己的自信、对生命的热忱，有正确的价值观，不也是通往人生幸福目标的重要学习吗？

智力的成分有很多，我们习惯用的IQ测验只能测出孩子的部分能力，但是一个人的发展，如果仅是从这些部分的能力来判断，那实在是太可惜了。我宁愿给孩子更多的支持和机会，让孩子充满热情、充满兴趣地建立他的人生观。

所谓资优，过去曾经有许多学者对它提出相关的定义，其中以美国资优教育学者阮儒理（Renzulli）提出的“资优三环论”最为有名，他认为一个可以称为资优的人，应该具备：

1. 中等以上智力。

2. 工作（学习）的努力与毅力。

3. 高度的创造力。

所以，如果学习或工作不认真，

缺乏耐心与毅力，在阮儒理的定义里，算不上是一个真正的资优生。

听听孩子的意愿
有兴趣的就让他去尝试

我相当认同阮儒理对资优的看法，因此在陪伴孩子成长的过程中，我重视的是尽量提供孩子感受这个世界的机会，让她可以有包容、宽大的心去接受万事万物，借由多元的学习经验来探索自己的兴趣。

自从女儿出生后，在陪伴她成长的每个阶段，我会分别从生理、心理以及认知发展等方面去考虑，并且配合孩子本身的意愿，只要女儿想要学习的，我都会尽量支持她去观察、去尝试。

记得有一次和女儿带着家里的狗去看医生，她一直很仔细地在看兽医怎么处理小狗，认真程度让兽医都忍不住问她放假有没有兴趣到诊所学习，后来家里的小狗们大部分也都是女儿在照顾。

关心周遭的人事物
也是资优的学习

还有一次去买臭豆腐，女儿因为太认真盯着老板炸臭豆腐，老板还开玩笑问她以后是不是想卖臭豆腐？我认为让孩子养成对周遭事物敏感、关心的态度，对她来说就是一种资优的学习。

PART 2

练习知识整合
会读书也要会思考

~酝酿期（小学阶段）~

这个阶段是为孩子的终身学习建立基础，让孩子了解学习是怎么一回事。因为思维导图法有助于思考力的培养，我希望孩子不只是会读书，还要能够会思考，所以有目的地将思维导图法的学习切割成很多小步骤，让孩子在游戏中快乐地学习，渐渐习惯思维导图法，然后可以用它作为知识管理的工具。

□ 四大核心关键及水平思考、垂直思考是思维导图法最基本且最重要的概念，熟练了以后，就可以多方运用。

□ 陪伴孩子读故事书，奠定孩子阅读能力的基础，从阅读中培养探究的精神，学习与作者对话，看到问题背后的问题。

□ 快乐的情绪有助于记忆，让孩子在游戏中锻炼记忆神经。

□ 积极规划参观活动，积累孩子的知识数据库，并使用思维导图整理所见所闻，有系统地整合和吸收知识。

□ 在生活中培养孩子的创造力，通过欣赏儿童剧和音乐会，借由丰富的视觉、听觉来刺激孩子的想象力。

第2章

思考力 up！从游戏中学习思维导图法的基本概念

首先，我们要先来了解什么是“思维导图法”。简单地说，它是一种可以有效提升大脑思考与学习能力的方法，主要工具是运用到全脑思考的思维导图。曾获得诺贝尔奖肯定的美国神经生理学家罗杰·斯佩里（Roger Sperry）指出：大脑左右两边呈现的智力功能有所区别，右半边掌控图像、色彩、想象力、空间、韵律及完形等，左半边掌控文字、数字、逻辑、行列、顺序及表单等。后续研究者则发现，虽然左右脑分别主控一些特定的

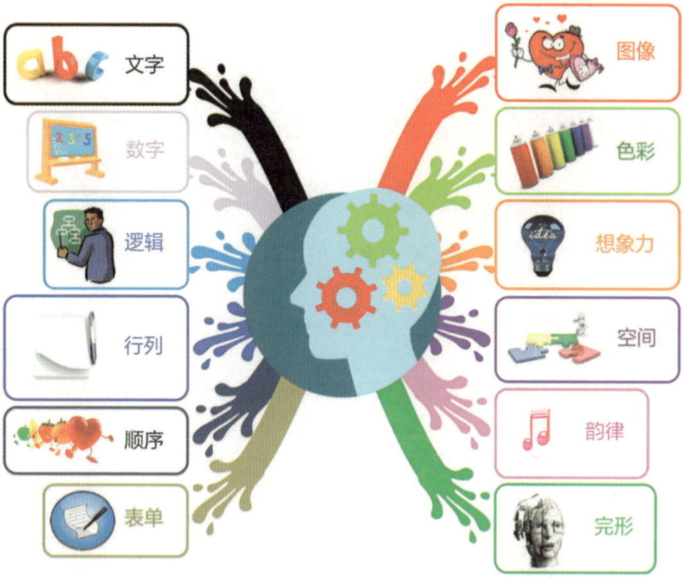

活动，而当大脑在处理事情时是左右脑协调地一起工作。思维导图的制作过程可充分运用大脑左右两边的各种功能，让整张思维导图的表达更完整。

那么如何制作出一张思维导图呢？我们要先想想，为什么我们需要画一张思维导图。

希望帮助理解？

希望增加学习乐趣？

希望能够容易记忆？

是的，我们就是为了这些原因要来画一张思维导图，因此想要辨别一张思维导图好不好，就看是否能达到上述目的。

学习画出有用的“大脑地图”

很多人都认为思维导图好简单，不用特别学，人人都会画；也有很多人在看过思维导图后，会觉得跟自己平常思考时或是读书时做出来的笔记很像。

没错，思维导图就是我们大脑里的地图，它将我们的思考图像化、具体地呈现出来，本来就存在于每个人的大脑中。那么为什么我们要学习才能将它画出来？还记得前面提到的记忆的广度吗？由于工作记忆的限制，我们通常一次只能处理5～9组信息，但是我们所遇到的信息何其多，5～9组的记忆广度怎么够使用呢？因此我们借由思维导图将所有信息呈现在一张纸上，方便掌握。

只是信息繁杂容易让我们摸不着头脑，这时候就需要在呈现所有信息前，先圈出重要的信息，将信息组织结构，看起来才不会过于复杂难懂。这种有效选择重要信息与组织结构的能力，并不是每个人天生就会，而是必须经过学习的。

要画出一张有用的思维导图，必须要了解思维导图法的四大核心，包含关键词、分类阶层化、色彩及图像的运用。而在进入四大核心之前，我们得先了解什么是“中心主题”。中心主题就是告诉读者这张思维导图主要是在说明什么，用一个概念来含括整篇文章的意思。就是像一本书的书名，看了书名就可以知道这本书想说些什么。

思维导图法的四大核心

接着我们要来谈谈这四大核心的意义，以及如何培养孩子使用四大核心的能力。

一、关键词

思维导图法强调关键词的选择运用，在取舍信息后，可以精简信息量，有助于对信息的理解与记忆，也能开启不同角度的思维。选择关键词，掌握“以名词为主，动词次之”的原则，再辅以必要的形容词或副词。筛选后，就可以有效精简信息。

怎么帮助孩子有效掌握并运用关键词呢？

通常我会告诉学生：“关键词就是重点。”只是过去我们习惯画的重点，常常是把整句话画下来，感觉每句都很重要，画到最后往往发现整面都是重点。

我曾经在某个高中第一志愿的社会资优班演讲，当我请学生们练习将一小段很简单的小学社会课文的重点画出来时，他们告诉我：“除了‘的’以外，其他都画了！”

这样的回答是不是感觉很熟悉呢？记不记得我们过去画重点常常都是“这样”，所以课本的重点画归画，最后我们还是用参考书来复习功课，因为自己画的重点不是太多就是看不懂。但参考书列的重点其实是依着参考书作者的逻辑整理出来的，硬要记忆也是不容易。就像是穿鞋子，虽然尺寸相同，但不是自己的鞋，穿起来就是不舒服。

在画重点之前，你必须要先理解整篇文章的意思，排出文章中的轻重缓急，才能够开始画重点。我用《原住民的生活》这篇文章，简要说明重点的选取，并示范画出下面这张思维导图。

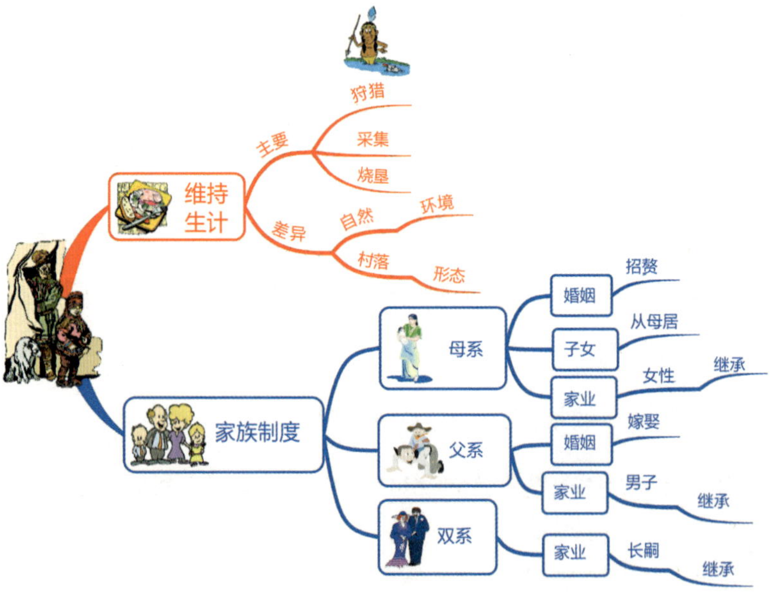

文章中的重点选取

原住民的生活

原住民大多数主要是以狩猎、采集与烧垦来维持生计，特别是狩猎。但因为自然环境、村落形态的差异，各族维持生计的方式也会有所不同。

社会文化更是各有特色，以家族制度为例，可以分为母系、父系与双系三类。母系社会在婚姻采用招赘方式，子女从母居，家业由女性继承；父系社会在婚姻采用嫁娶方式，由男子继承家业；双系社会不分男女，家业采用长嗣继承制度。

先阅读全文，再用分段画重点的方式，比较容易选出精简的重点。在读完这一小篇文章后，我们可以了解它其实是在说两件事，分别是：原住民的生活和社会文化。那么接下来我们就会分两个部分来看。为什么要这样分开看？因为当范围缩小，专注力提高，比较容易精准地找出关键词，不会为了要串联文章意思，把不是特别重要的连接词、副词都选进来了。

第一段在讲原住民怎么维持生计，很自然会先选择了“主要”与“差异”，在“主要”这部分会有狩猎、采集、烧垦，“差异”的地方在于自然环境和村落形态。而第二段是谈社会文化，其实讲的是家族制度，我们可以看到下一句就说分成三类，所以选择母系、父系和双系为关键词，再接着分别说明每一类的内容。

像这样经过理解之后，接下来画的重点包括：婚姻、子女与家业。母系婚姻是靠招赘、子女是从母居、家业是女性继承；父系婚姻是嫁娶、家业是男子继承；双社会系在意义上代表了不分男女，所以这个部分就不再画，家业选长嗣继承。

接下来就要将关键词灵活组织。为了培养灵活组织关键词的能力，我会陪孩子玩“拉密”的游戏。

拉密是一款排数字的游戏，规则有点类似中国的麻将，但是要简单许多，只要认识数字，知道1～13排序的孩子都可以玩。我的女儿在幼儿园大班时就开始接触这款游戏。

★“拉密”玩法

将每张拉密牌当作一个关键词，拉密牌会依着持牌者的需要，有的时候是同样数字摆在一起，这时候要不同的颜色；有的时候又必须照数字顺序去排，这时候就要是同一个颜色。

也可能本来是这样摆法，当持牌者又抽出其他牌在手上时，为了让牌能够顺利打出去，可能又会重新拆解掉原来既有的摆法，加入新抽出的拉密牌建立新的摆法，唯一必须遵守的原则就是放在台面上的牌组都要三张以上。

像这样以将手中的牌尽出为目的，来调整已经出去的牌的游戏，可以让孩子养成以目的（中心主题）安排关键词位置，并且勇于依新增关键词变更原来位置的习惯。

我也会运用孩子小时候的识字卡，跟孩子玩故事接龙的游戏。

★识字卡 / 故事接龙玩法

随机抽取几张卡片，亲子轮流以这些卡片来接故事，让孩子对每个字词都能够专注地理解、推敲，进而说出有意义的句子。

故事接龙游戏除了练习关键词的排列，同时也是在为思维导图法四大核心之二——分类阶层化做准备。

二、分类阶层化

分类就是逻辑的基础，而阶层的安排更是进一步的逻辑思考。思维导图以树状结构为主，网状脉络为辅，是一种分类阶层化的运用，也就是要找出所有信息间的逻辑系统。先依“分类”概念区别出信息之间的属性，再借由“阶层化”的概念，根据信息涵盖的意义范围分出从属关系，以同一位阶、同一逻辑的原则，整理所有信息。对于学习者来说，信息已分门别类建构好，就会比较易懂易记了。

选出关键词之后，这些关键词对我们来说是一个个片段的词，很容易遗忘。所以我们接着要把找到的关键词进行分类。以前述《原住民的生活》这篇文章为例，说明分类阶层化的意义。

一开始读完全文，我们就已经把整篇文章分成维持生计和家族制度两部分，与“维持生计”有关的关键词包括：狩猎、采集、烧垦、自然环境和村落形态。接着我们认为狩猎、采集、烧垦是一组，且是同样一层的概念，而自然环境和村落形态是另一组同一层的概念，不过都在维持生计的概念之下。

然后带着孩子思考，可以分别用什么词来概括每一个概念，从文章中是否可以找出来？

于是我们发现狩猎、采集、烧垦是维持生计的“主要”方式，而自然环境和村落形态则是造成维持生计方式的“差异”。因此就以“主要”作为原住民生活（中心主题）的下一阶，狩猎、采集、烧垦的上一阶概念词；“差异”则是自然环境和村落形态的上一阶概念词。

玩游戏 做练习

如何在生活中让孩子通过游戏学到分类阶层化的概念，同时可以练习使用不同层次的概念词？我最常跟孩子玩的游戏就是“重新安排菜单”。

★菜单玩法

我们会收集很多不同的菜单，然后将每道菜的名称，当作每一个关键词，以不同的目的重新安排每道菜的类别。

比方说有些餐厅菜单是以饭类、面类、汤类、饮料类做分类，有些餐厅则会用前菜、主餐、甜点、饮料做菜单的安排。我会跟孩子讨论，在什么样的情况下，我们会喜欢用哪一些类别安排菜单。

模拟“庆祝妈妈生日”情境，我们一家人到高级餐厅用餐，想要点个人套餐来享用，那么在个人套餐概念之下的菜单呈现方式就会是以前菜、主餐、甜点、饮料来做菜单的呈现；但如果是快餐店或小吃店，只是想要简单吃个东西，可能就会直接点面或饭来吃，这时候饮食店菜单的安排就必须直接以食物类型来做分类了。

另外，我也会再用之前玩的识字卡让孩子练习做分类。

★识字卡 / 分类命名玩法

我们会任取三张卡片，分成两类，并说出分类的原因，接着抽第四张卡片，加入之前的三张卡片里，然后继续玩分类命名的游戏。由此依次增加卡片数量，分类的类别也就越来越多，不过重要的是每次分类都必须说出为什么要做这样的分类。

另一种玩法是一次将二十张卡片放在桌面上，直接将这二十张卡片进行分类，再把每个类别里面的卡片进行再一次分类，以求形成阶层化的概念进行练习。

生活化的学习对孩子来说相当重要且轻松，因为孩子本来就在这些物质构成的环境中生活，以他们熟悉的物质作为学习素材，孩子就会学习得像呼吸一样自然。

三、色彩运用

运用色彩将心里对信息的感受表达出来，可以使学习者在接触学习内容时，浸润在这份信息所要表达的感觉中，有助于提升学习效果。而思维导图借由颜色区块位置所形成的空间分配，也可以帮助学习者运用右脑的心智能力帮助记忆。

玩游戏 做练习

色彩可以带出文字的五官感觉：红色热情、黄色积极、绿色希望、蓝色冷静，多让孩子借由不同的绘本故事学习绘本里的颜色安排，是一个不错的办法。

★绘本 / 颜色安排玩法

绘本《一个不能没有礼物的日子》描述小熊的爸爸失业了，无法买圣诞礼物送给家人，故事铺陈流露出家庭成员的担心与没有礼物的失落，因此整本绘本使用色调都是淡淡的灰蓝色，让人看了自然生出冷冷凄凉的感觉。

我通常会在阅读绘本之前先跟孩子讨论，单看颜色，这可能是一个什么感觉的故事，增加孩子对于色彩的敏锐度。

四、图像运用

以思维导图来思考或学习时，主要运用关键词整理信息或发挥想法，而使用图像则是为了凸显关键中的关键。“一幅图胜过千言万语”，借由图画传达出来的讯息，会比文字更加丰富，能让人长久记忆。

在图像的练习上，除了培养信手涂鸦的兴趣之外，我还会用“妙语说书人”这套游戏陪孩子玩。

★桌游 / 妙语说书人玩法

说书人的卡片非常美丽，每一张图片都可以说成一个故事，从卡片中我们尽量发挥想象力，借由一张卡片用一个成语或一个字词替代的练习，提高概念与图像链接的能力。从左右脑优势功能的观点，图像的储存位置是在右脑，属于长期记忆区，当我们可以把概念用图像呈现时，不仅能够增加理解力，记忆力也会提升。

思维导图法的两大思考方式

思维导图法两大思考方式是水平（扩散）式思考和垂直（直线）式思考。水平式思考是针对议题扩张思考的广度，可以提升创造力；垂直式思考则是延伸主题的深度，可以增进推演能力与记忆力。

一、水平（扩散）式思考

把要探讨的主题置于中心，再由中心向四周做发散式发想，运用这样的思考方式，可以培养多角度思考的能力。

玩游戏 做练习

在读故事书给孩子听时，我会做一些水平式思考的练习。比方说，爷爷从外面回来，手上捧了一只受伤的大雁，这时候我会停下来问孩子："你认为大雁是怎么受伤的呢？"

刚开始得到的回答可能是："被雨淋湿了""被风吹下来的""太阳太大了"。

这时候孩子的答案因为都是自然因素类的，我就会开始引导孩子往不同方向去想。像是"肚子太饿，所以在天空昏倒了"、"飞的时候没注意，撞到玉山了"、"被老鹰啄的"等等，尝试用比较不常出现的答案来刺激孩子思考。父母们要注意引导孩子多方向思考，不要都是同一类别即可。

二、垂直（直线）式思考

从一个题目出发，不断地延伸、深入联想下去，这样的思考方式可以培养对问题的推演能力，还能借前后联想产生的关联性提升记忆能力。

玩游戏 做练习

训练垂直思考、增强记忆力，最好用的练习就是接龙。

不管是语词接龙、成语接龙、故事接龙，都可以让孩子天马行空地发挥创造力。在积累到一定数量时，就顺着背、倒着背，练习记忆力，一次次增加记忆量，可以扩大孩子的记忆广度。

学会正确运用思维导图法的四大核心及两大思考方式，不仅能让创意联想无限扩散，更能让使用者有效率、有系统地将想法落实。

能有效地学习，必须采循序渐进的方式：

① 大量阅读，增加阅读的广度。

② 充分理解阅读的内容，有系统、有逻辑地管理知识，帮助快速记忆，进而使知识进入长期记忆。

③ 记忆数据够多，才能触类旁通，整合所学内容，活用知识。

了解了必须要学习这些概念的原因，透过游戏练习，体会到学习的乐趣后，接下来我们就要以四大核心概念为基础，带出思维导图法在学习及生活上的应用。

Column

培养孩子的想象力

3C产品的充斥让孩子习惯了眼见为凭，它们的速度总是快过大脑的思考，孩子们习惯于声光刺激，不再愿意自己想象，而没有了想象的空间，容易窄化孩子的想象力。所以我们常听到孩子在写作文时抱怨想不出来，面对问题也不知道怎么解决，只因为他们的想象力睡着了。

人生的幸福指标 不只是成绩单上的数字

想象力是我们人类很好的朋友，当看不到未来时，它可以为我们提供希望。有时候想象力可以排解无聊的时间；有时候它像是给了我们一对翅膀，在不得不留在一个固定地点时，从思绪解放我们的自由。

想象力是人类进步的一大动力，不受拘束、天马行空的想象，让我们可以面对模糊未知的状态。

有意思的想象力练习 一定要带孩子去看儿童剧

那么要如何培养孩子的想象力呢？我觉得无论欣赏儿童剧或是去听音乐会都是很好的方式。

儿童剧是一个很有意思的活动，在空间有限的舞台上，看到演员们借由对白及身体的动作，表演出的不只是演员所呈现、传达的意思，加上我们的想象力，还可以从表演中看到台上演员没有展现出来的具体事物。明明就没有出现在舞台上，但坐在台下看戏的我们都坚信自己看到了。所以欣赏一场儿童剧，其实就像是一场想象力的练习。

纸风车《101忠狗》女儿欣赏儿童剧的起点

我从孩子一岁半的时候开始带她去看儿童剧，刚开始很担心女儿是不是坐得住，所以我选择了纸风车《101忠狗》这出剧目，作为开启孩子欣赏儿童剧的起点。

这出剧里面有好多只巨大的充气小狗，女儿出生之后，家里就一直有小狗陪伴，她非常喜欢狗，因此我选择了这出剧目。但是我却忽略了孩子其实还很小，因为过去没有带孩子看舞台剧的经验，为了省钱，我买的位子在是后面的。

孩子太小、专注力不够，又坐得太远，前面演的看不清楚，剧场阶梯反而比较吸引她，没坐多久，女儿就上上下下的爬来爬去，对爬楼梯的兴趣远高于舞台上的表演，为了不影响别人欣赏戏剧，我不得不提早带她出场。还好我们出来以后，看到大型的充气狗狗排在外面，这时候她才像发现新大陆般的欢呼起来。

有过这次的经验之后，我就知道既然是要培养孩子懂得欣赏儿童剧，就不要再想着省钱了，从此我买的位子一定都在前五排，孩子从头到尾都能够被舞台上的表演吸引住，再也不会动来动去了。

买一张儿童剧CD回家用音乐启发孩子的想象力

我认为台湾的儿童剧制作非常用心，舞台上的设计也常常让我非常惊讶。我记得最清楚的是如果儿童剧团有一出《谁是圣诞老公公》的剧目，舞台中央一个有阶梯的大型道具，依着剧情的变化，会像万花筒般变化出让人目不暇接的场景。

每次看完儿童剧，我都会购买他们的CD，回家后继续放给孩子听，这样不仅可以增加孩子对她所看儿童剧的记忆，还能借由音乐，运用想象力，在脑中重现当时的表演。

女儿每次欣赏完一出儿童剧，回到家就会不断反复地播放CD，听音乐的同时，她还可以很清楚地告诉我，这一场音乐是在演什么，似乎每一幕表演都历历在目。

台湾儿童剧制作设计用心 让观众心灵视觉都获得满足

对于台湾从事儿童剧的工作人员，我衷心地感谢他们，正因为有他们愿意在这个领域持续奉献投入，才能让我们的孩子不是只有卡通影片可看，只有电动玩具可玩。

往往一场儿童剧看下来，无论大人小孩都可以获得心灵视觉上的满足。女儿从小看戏看到大，欣赏儿童剧已经变成一个习惯，到现在每年都还要固定看个几场，不然她还会提醒妈妈好久没看儿童剧了！

提升想象力层次 沉浸在音乐会中专注聆听

听音乐会是想象力的层次提升。从音乐的节奏韵律去刺激孩子的想象感受，而且相对于儿童剧，音乐会较为静态，更能培养专注力。整场音乐会，孩子不能说话，只能用心聆听，沉浸于音乐中，发挥想象的空间。

当然我所选择的音乐会也会在表演曲目中穿插一些孩子曾经听过的音乐，如此一来，孩子就会比较容易接受。听到自己所熟悉的音乐，女儿脸上就会出现他乡遇故知的笑容，然后专心地聆听，这时候就让她去感受不同音乐风格的呈现。

因为有相同经验所以充满兴趣的接受，跟之前提到的同化与调适是一样的原理，都是用孩子曾经学过的东西作为基础，扩增自己知识库的容量。

第3章

阅读力up！用思维导图法的概念陪孩子读绘本故事

基于发展多元智能的观点，前面章节已经跟大家分享了我在女儿小时候选择玩具的考虑，在这一章里面我要谈的是父母学了思维导图法后，对孩子在阅读的陪伴上有些什么不同。

从阅读能力培养深度思考的能力

了解思维导图法的四大核心并熟悉如何使用之后，我们就要进入怎么把这样的概念运用在学习上。

首先是阅读部分，在孩子小的时候，父母常常会为他们读故事书，大多数的情况是我们绘声绘色地把故事书读完而已，但是如果父母懂得活用思维导图法的概念为孩子读故事书，你将会发现自己看绘本的眼光不再是直线式的，而是立体的，同时也帮助孩子奠定了写作文的基础，增加阅读的理解力。

制作绘本思维导图的要诀

运用思维导图法画出绘本笔记，呈现出绘本中想要表达的情意是非常重要的。制作绘本思维导图有一个很重要的要诀，就是只看中心主题及各个分类，就可以构成这个故事的大纲。但是很多人只会运用思维导图作为分析文章内容的工具，却忘了当这些关键词组织起来时，必须要能够从脉络中，呈现出这篇文章所要表达的含义，否则就会失去思维导图法在理解文章上的功能了。

不同阶段画出的《爱心树》思维导图

就拿《爱心树》这本绘本来说吧！

这本绘本其实包含了非常多的感情在里面，阅读时我们多少都可以感受到爱心树就像父母一样，无怨无悔、不求回报地响应小男孩的各种需求。只要小男孩出现在爱心树的面前，她就感到无比快乐。就算到最后她将一生都奉献给了小男孩，仅剩下树根，每当小男孩又回到她面前，她便张开她的所有，提供给这个已经长大的小男孩。而从每一次爱心树问小男孩的话语中，我们可以知道，在她眼中小男孩永远是小男孩。

这本绘本很明显是要展现出父母对孩子的照顾是多么的无私，因此在思维导图笔记当中，我们会希望能够呈现出这样的感觉。如果从分析的角度来看这个故事，大部分的人可能很容易就会画出像下页那张一样的思维导图。

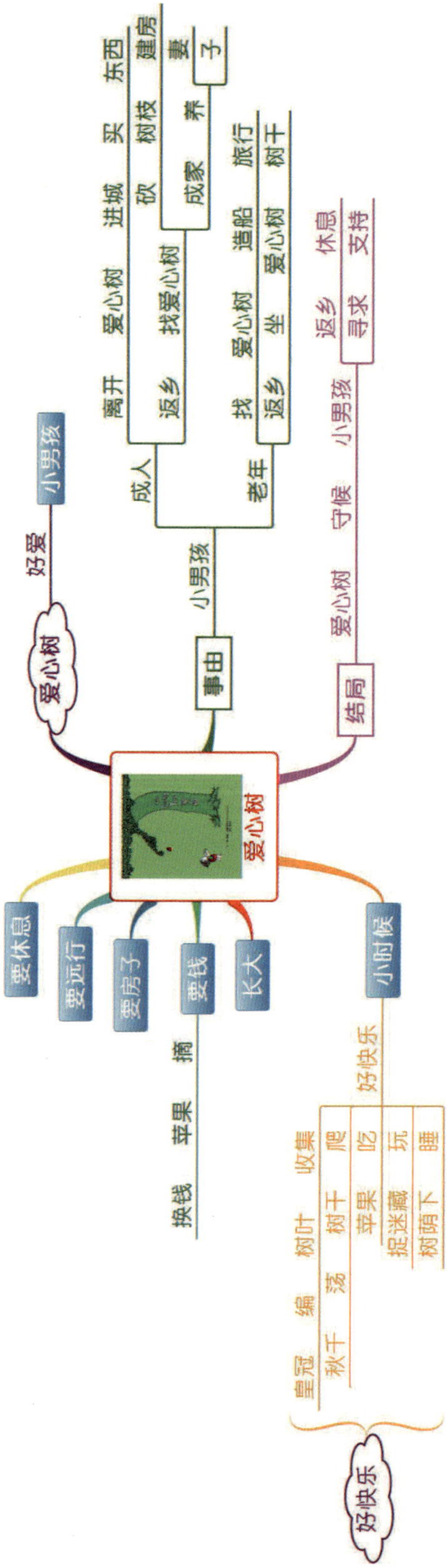

爱心树
爱心树
好爱
小男孩
事由
小男孩
成人
离开
爱心树
进城
买
东西
返乡
找爱心树
砍
树枝
建房
成家
养
妻
子
老年
找
爱心树
造船
旅行
返乡
坐
爱心树
树干
结局
爱心树
守候
小男孩
返乡
休息
寻求
支持
要休息
要远行
要房子
要钱
摘
苹果
换钱
长大
小时候
好快乐
皇冠
编
树叶
收集
秋千
荡
树干
爬
苹果
吃
捉迷藏
玩
树荫下
睡
好快乐

《爱心树》绘本思维导图（一）

这是毕业于彰化师范大学、目前在台南教书的佳慧老师，她在刚学习思维导图法之后所作的绘本思维导图。从这张思维导图中可以非常清楚看出《爱心树》故事进行的节奏，就是小时候、长大、要钱、要房子、要远行，最后是要休息。哇！这一路写下来，是不是立即看到了小男孩的成长？不过我们无法从中感受到爱心树对小男孩无怨无悔的爱，也无法看到小男孩有爱心树是多么的快乐。

《爱心树》绘本思维导图（二）

于是佳慧老师尝试以分类阶层化的概念，将小男孩的成长历程分为童年、成人和老年，并且在每一个分类之后，说明每个时期小男孩的一些行为，最后我们看到了爱心树对小男孩的守候。但是在下方思维导图中仍然无法感受到绘本故事里面想要传达“爱”的感觉。

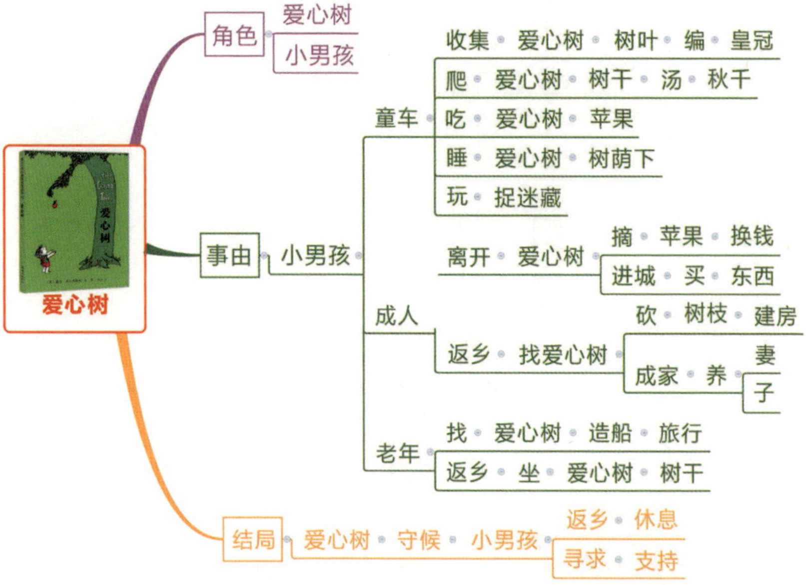

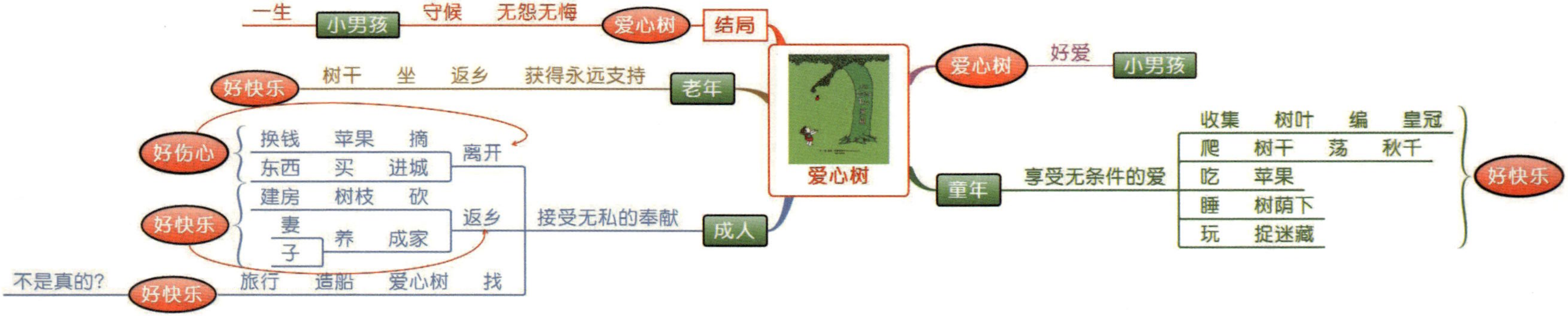
爱心树
结局
爱心树
无怨无悔
守候
小男孩
一生
老年
获得永远支持
返乡
坐
树干
好快乐
成人
接受无私的奉献
离开
换钱 苹果 摘
东西 买 进城
好伤心
返乡
建房 树枝 砍
妻
子
养 成家
好快乐
找
旅行 造船 爱心树
好快乐
不是真的?
爱心树
好爱
小男孩
童年
享受无条件的爱
收集 树叶 编 皇冠
爬 树干 荡 秋千
吃 苹果
睡 树荫下
玩 捉迷藏
好快乐

《爱心树》绘本思维导图（三）

因此我们继续思考，到底绘本作者主要是想表达什么？而在反复看了很多遍之后，终于了解到“对孩子无私的爱”这个概念，确实是作者想要告诉大家的。爱心树就像父母一样，永远无条件地接纳她眼前这个孩子，不管他在什么样的阶段。从这一个方向去思考，最后我们完成了上页这张绘本思维导图。

你可以发现，这张思维导图中，在每一个分类之后，都加上了陈述小男孩行为的几个阶层，用来说明小男孩从爱心树这边所获得的爱、奉献与支持。

如果在一张思维导图中，爱心树和小男孩一直轮流出现，会使得画面显得非常繁杂，而且不容易分辨。所以我们用椭圆形代表“爱心树的心情”、用长方形来代表“小男孩的成长历程”。如此一来，在这张绘本思维导图的画面中就可以非常清楚地看到爱心树和小男孩彼此的互动。

用这张思维导图陪伴孩子阅读绘本时，可以在每一个“爱心树的心情”这个地方停下来，让孩子想一想为什么爱心树会有这样的心情呢？由于思维导图已经将重点呈现在一张纸上，孩子很容易掌握故事的全貌，就能够串起“爱心树的付出”、“小男孩的获得”与“爱心树的心情”，并且联系到父母对自己无微不至的照顾了。

《你很快就会长高》不一样的思维导图

掌握文章的主要概念之后，思维导图还可以发展成不同的样子。

我家有一本很可爱的绘本，书名叫作《你很快就会长高》，描述一个小男孩因为觉得自己身高不够高，到处在找人问说要怎么样才能长高？

如果照着故事的节奏，我们会看到孩子去找妈妈、爸爸、姐姐、老师问，最后长得很高的叔叔以过来人的身份告诉他一个秘密，其实长高也不见得全是好处，也会有一些坏处。

桃园大园小学彭文松老师将故事画成下页这张思维导图，由于上面只写了关键讯息，因此可以将有用的信息同时展开，从妈妈、爸爸、姐姐和老师的答案里，我们会发现到，这其实都是这些人平常对小男孩说的话。所以在共读绘本时，父母可以陪孩子一起看着思维导图，继续讨论为什么这些人会对同一件事说不同的话？让孩子了解因角色不同，对同一件事情的看法是会不同的。

此外，这张思维导图也可以看出是一个很不错的写作范例。怎么说呢？通常一篇四平八稳的作文会包含“起”、“承”、“转”、“合”四个部分，以《你很快就会长高》这个故事来说：

· 小男孩不喜欢大家对他的叫法是“起”；

· 小男孩开始去找答案就是“承”；

· 叔叔告诉小男孩长高也有坏处就是“转”；

· 叔叔把前面的人给小男孩的回答做了一次整理，并加上保持心情愉快，就是“合”。

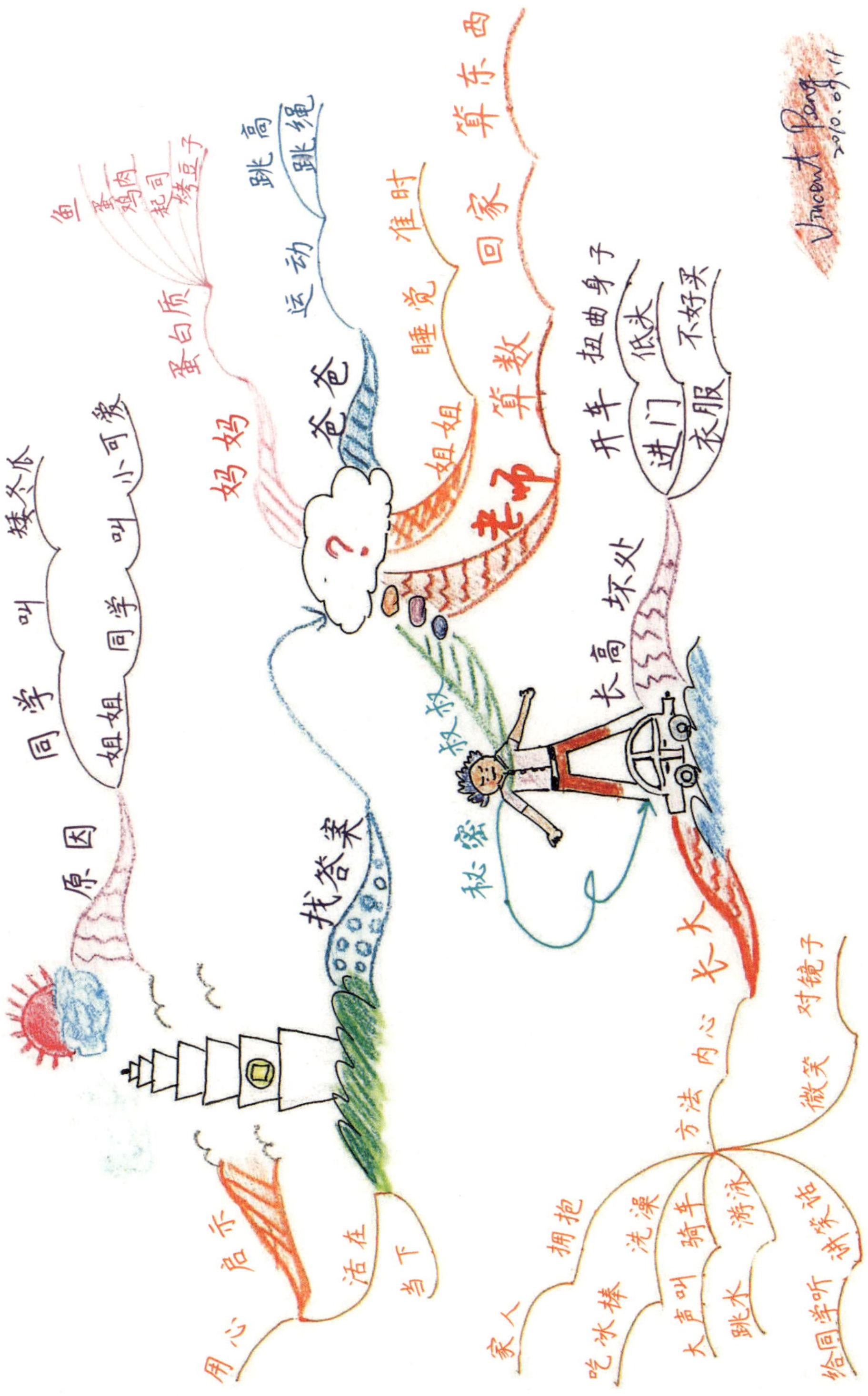
长大
找答案
原因
同学 叫 矮冬瓜
姐姐 同学 叫 小可爱
妈妈
蛋白质
鱼
蛋
鸡肉
起司
烤豆子
爸爸
运动
跳高
跳绳
姐姐
睡觉
准时
老师
算数
回家
算东西
?
叔叔
秘密
长高
坏处
开车
扭曲身子
进门
低头
衣服
不好买
启示
用心
活在
当下
方法
内心
对镜子
微笑
家人
拥抱
吃冰棒
洗澡
大声叫
骑车
跳水
游泳
给同学听
讲笑话
Vincent Pang
2010.09.11

在启示这个分支之下，可以让孩子练习以一句话说出对这个故事的感觉。绘本的阅读加上思维导图的呈现，孩子就会比较容易了解故事的结构安排，让孩子看着这张思维导图简单地重新讲一遍故事，同时也可以让孩子学会简述文章大意的方法。

顺带一提，有很多家长有个迷思，总认为看得多就自然会写，爱看书的孩子不用担心作文写不好。殊不知写作能力如果没有经过培养，是不容易自然产生的。一般而言，看故事书就是逐字地看下去，沉浸在想象的空间，但是写作必须经过思考，要能主动地产生想法，跟只是看进书的内容有很大的不同，这也就是为什么整天抱着《哈利波特》、《波特莱尔的大冒险》埋头猛看，写作文时却仍然文枯思竭，半天挤不出一篇文章的一大原因。

描述历程的《鲸鱼》故事思维导图

《鲸鱼》这个绘本故事主要在叙述，从不知道鲸鱼是什么，到最后说明鲸鱼原来是什么的历程，所以我们将下页这张思维导图分成开始、经过和结果来进行。

每个故事都有开始、经过和结果，但是在绘制思维导图时，不能完全就这样套用去分类故事内容，因为这样的分类不见得是每个故事要传达的重点，绘制故事思维导图要依故事所要表达的主要内容与目的来分类。而《鲸鱼》的故事内容可以从发生事情的时间顺序来说明，因此在思维导图的分类上采用开始、经过和结果。

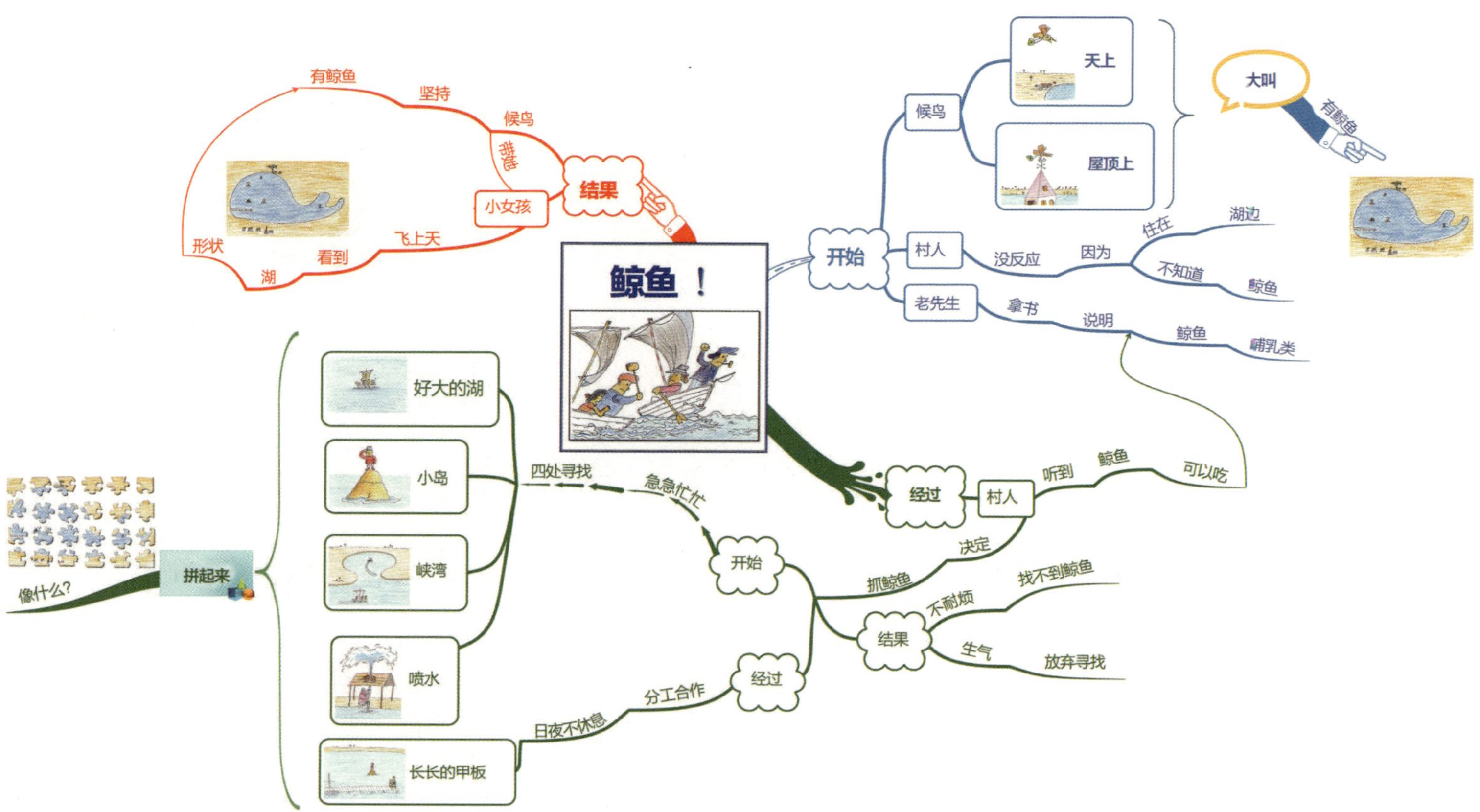

鲸鱼！
开始
候鸟
天上
屋顶上
大叫
有鲸鱼
村人
没反应
因为
住在
湖边
不知道
鲸鱼
老先生
拿书
说明
鲸鱼
哺乳类
经过
村人
听到
鲸鱼
可以吃
决定
抓鲸鱼
开始
急急忙忙
四处寻找
好大的湖
小岛
峡湾
喷水
长长的甲板
经过
分工合作
日夜不休息
结果
不耐烦
找不到鲸鱼
生气
放弃寻找
拼起来
像什么?
结果
小女孩
带她
候鸟
坚持
有鲸鱼
飞上天
看到
湖
形状

首先简述故事发展大意：一开始候鸟在天上大叫有鲸鱼，然后村里的渔夫们，因为没听过鲸鱼，所以不在意。这时候有个老先生拿出鲸鱼的图片，正要开始说明时，渔夫们看到鱼的形状，还听说鲸鱼可以吃，没有继续听老先生解释，就急着要出发捕鲸鱼了。接着故事描写村人捕鲸鱼的心情，从开始急急忙忙地到处找，到最后因为找不到而生气放弃。但当候鸟带着小女孩飞上天，我们才终于知道，这鲸鱼其实不是鱼，而是大湖的形状。

将故事画成思维导图的重点

要将故事内容画成思维导图，我们就必须撷取有效的信息，就像前面章节所提到的，将关键词组织起来。当然绘本思维导图不需要像做读书笔记一样，精准地找出关键词，不过还是要把能够描述故事内容的主要词语或感觉表达出来。

因此在“开始”的分类里，我们决定的主要上场角色有候鸟、村人和老先生，并在后面继续描述角色。

接下来就是以“经过”来描述村人的行为了。我们其实可以看到作者层次分明地描写村人的反应，从不知道鲸鱼是什么，所以没反应，到认为是鱼，所以要抓鱼。不过他们没有听到老先生在说什么，就急急忙忙要开始找，完全没有章法；接着大家决定分工合作，轮流值班看鲸鱼何时出现；然后慢慢不耐烦了，因为一直找不到鲸鱼；后来就生气了，放弃继续找下去。

最后“结果”安排候鸟带了一个小女孩飞到高处，往下一看，鲸鱼就在那！

虽然寻找过程看似没章法，作者却很巧妙地从村人找的地点，慢慢勾勒出鲸鱼的形状，但因为湖实在太大了，村人就像盲人摸象一样，抓不到头绪。这就是本书作者隐藏在书中的秘密。父母如果用思维导图法带领孩子阅读，就可以在村人的每个寻找处，特别提醒一下孩子，然后跟孩子像玩拼图般地把这些元素拼起来，陪着孩子从中发现推理的乐趣。

这张思维导图里有几个重点一定要表现出来：

· 第一个就是要选对角色，站对位置，以便呼应后面的结果；

· 第二个就是从村人找鲸鱼的过程带出鲸鱼形状及情绪变化；

· 第三个就是整个故事的情节发展，以开始、经过和结果来形成思维导图的主架构，而在村人决定抓鲸鱼的“经过”这一大类内容中，再以开始、经过和结果这个次架构说明抓鲸鱼的过程，这是一种很重要的逻辑分类思考训练。

在思维导图的呈现上，为了区分架构标题与文章内容，这张《鲸鱼》的故事思维导图中，以云朵样式来代表主架构与次架构的开始、经过和结果。

找出脉络关系，连连看

仔细看41页那张思维导图，上面拉了很多条带箭头的连结线，其实思考最重要的就是要能够知道脉络之间的关系，我们平常阅读时，往往就是从头到尾看下去，了解故事发生的情节，但是很少去思考为什么会这样发生？或是去揣摩作者安排这些事件的发生到底有什么用意？借着思维导图法关连线的出现，我们就可以跟作者对话，发掘故事中没有明讲的含义。

用思维导图法可以看到绘本间的关联

除了可以深度了解绘本、与作者对话，善用思维导图法还可以看到不同绘本之间的关联，发现同一作者系列出版品中的脉络，将不同绘本搭配阅读，会有一加一大于二的效果。美国图画书作家艾瑞·卡尔（Eric Carle）的《好饿的毛毛虫》和《好安静的蟋蟀》这两本绘本就是很好的例子。

艾瑞·卡尔所创作的绘本作品中，《好饿的毛毛虫》是一本大多数父母在孩子非常小的时候都会读的绘本。原因可能是这本绘本非常美丽，颜色鲜艳，图案清楚又大，而且故事中除了有很简单的123数字顺序，同时也有数字量的呈现。像是“星期一吃一颗苹果”、“星期二吃两颗梨子”、“星期三吃三颗李子”，借由这样的安排建立了孩子们知道数字顺序，并且越来越多的概念。

但是当我用思维导图法画出这本绘本的架构时，我非常惊讶地发现，原来这本故事书不仅能用在幼儿阶段教他简单的数字概念，更可以让孩子了解毛毛虫完全蜕变成蝴蝶的变态历程，所以我用了出生、成长、结茧和羽化作为绘本内容的分类。

一幅图胜过千言万语，思维导图的中心主题通常会使用图像来代表整个故事最重要的概念，同时也便于记忆。接下来的类别部分是整个故事的脉络。其实一张好的思维导图，单看中心主题和各类别之间的关系是否能掌握故事大纲，就能够判断出这张思维导图是不是一个有效的思维导图。

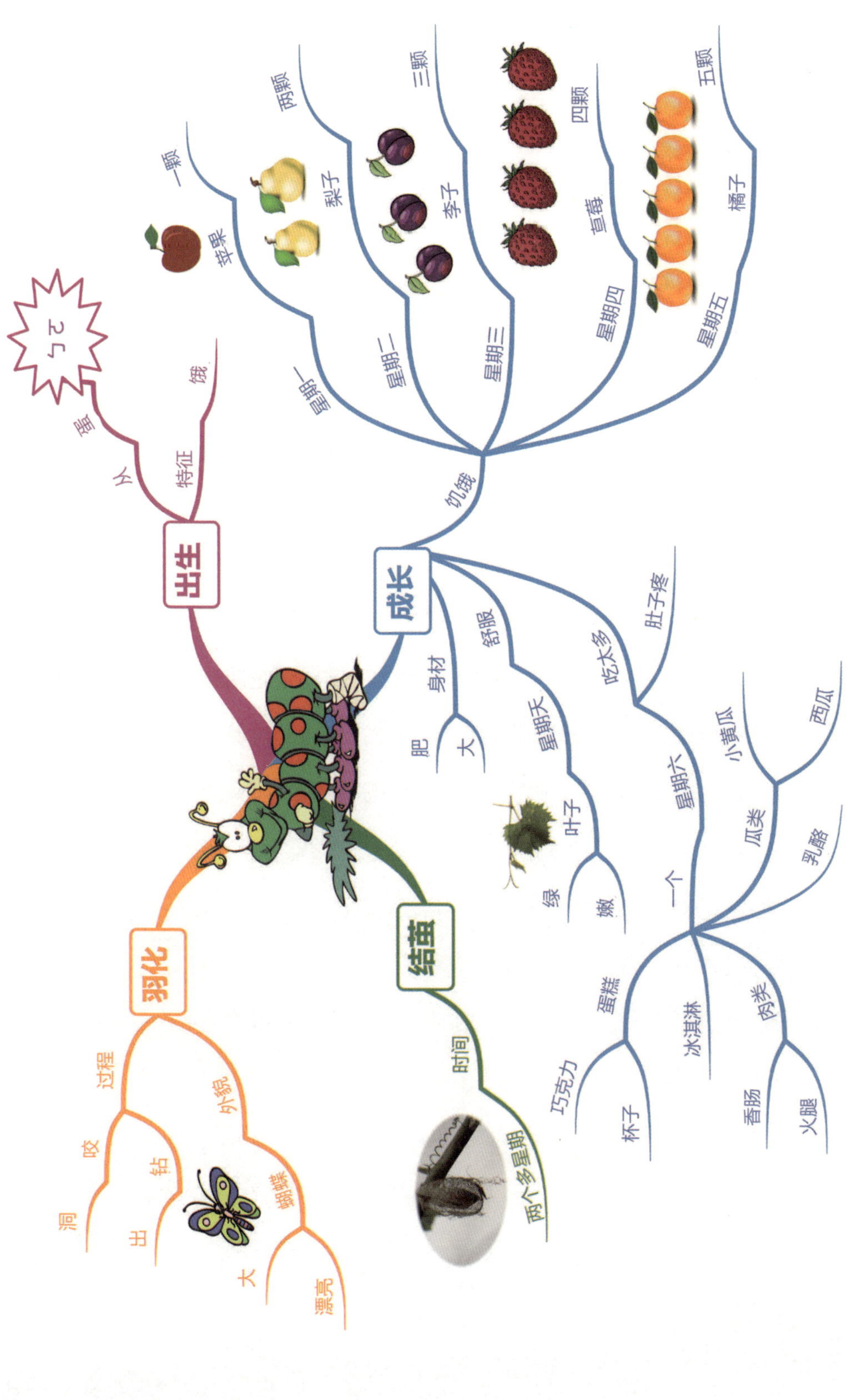
出生
小
蛋
特征
饿
成长
饥饿
星期一
苹果
一颗
星期二
梨子
两颗
星期三
李子
三颗
星期四
草莓
四颗
星期五
橘子
五颗
身材
肥
大
舒服
星期天
叶子
绿
嫩
吃太多
肚子疼
星期六
一个
巧克力
杯子
蛋糕
冰淇淋
肉类
香肠
火腿
瓜类
小黄瓜
西瓜
乳酪
结茧
时间
两个多星期
羽化
过程
咬
洞
钻
出
外貌
蝴蝶
大
漂亮

前页这张《好饿的毛毛虫》绘本思维导图中，我将故事分成出生、成长、结茧和羽化四个分类，再将故事情节详细地说明了，在从毛毛虫蜕变成蝴蝶的历程当中，每一个阶段都在做些什么。爸爸妈妈在读故事书的时候，如果能够带着孩子做这样的说明，孩子很容易就能学会怎么抓重点、说出大意。

在小学的学习里，孩子最头痛的语文课活动之一，就是要说大意。很多孩子很难用简单的话来说出课文内容，其实这就是摘要的能力，就是讲重点的能力。说话能够说到重点，是与人沟通时很重要的一环，若是没有学会说重点，就有可能让听的人产生误会，而这样的能力要从小培养，思维导图就是一个可以有效培养理解力、沟通力的工具。

在制作完《好饿的毛毛虫》这本绘本的思维导图之后，我发现它和另一本《好安静的蟋蟀》其实可以搭配在一起阅读。我们接着来看看《好安静的蟋蟀》的思维导图是怎么制作的。这个故事是在说有一只蟋蟀从出生之后，就一直想要发出声音，但却始终没有办法发出声音。他问所有遇到的昆虫，他们是怎么样才能够发出声音，但声音还是都发不出来。最后他遇到了一只母蟋蟀，他好高兴他终于可以发出声音了。

各位爸爸妈妈们，你看出端倪了吗？为什么《好饿的毛毛虫》要和《好安静的蟋蟀》搭配一起阅读呢？

从45页和47页两张思维导图，你可以明显地看到毛毛虫是怎么长大的？它的成长是属于完全变态。但是蟋蟀呢？蟋蟀是怎么长大的，蟋蟀因为没有结茧，长大不会变成另一个样子，属不完全变态，而这可是小学三年级

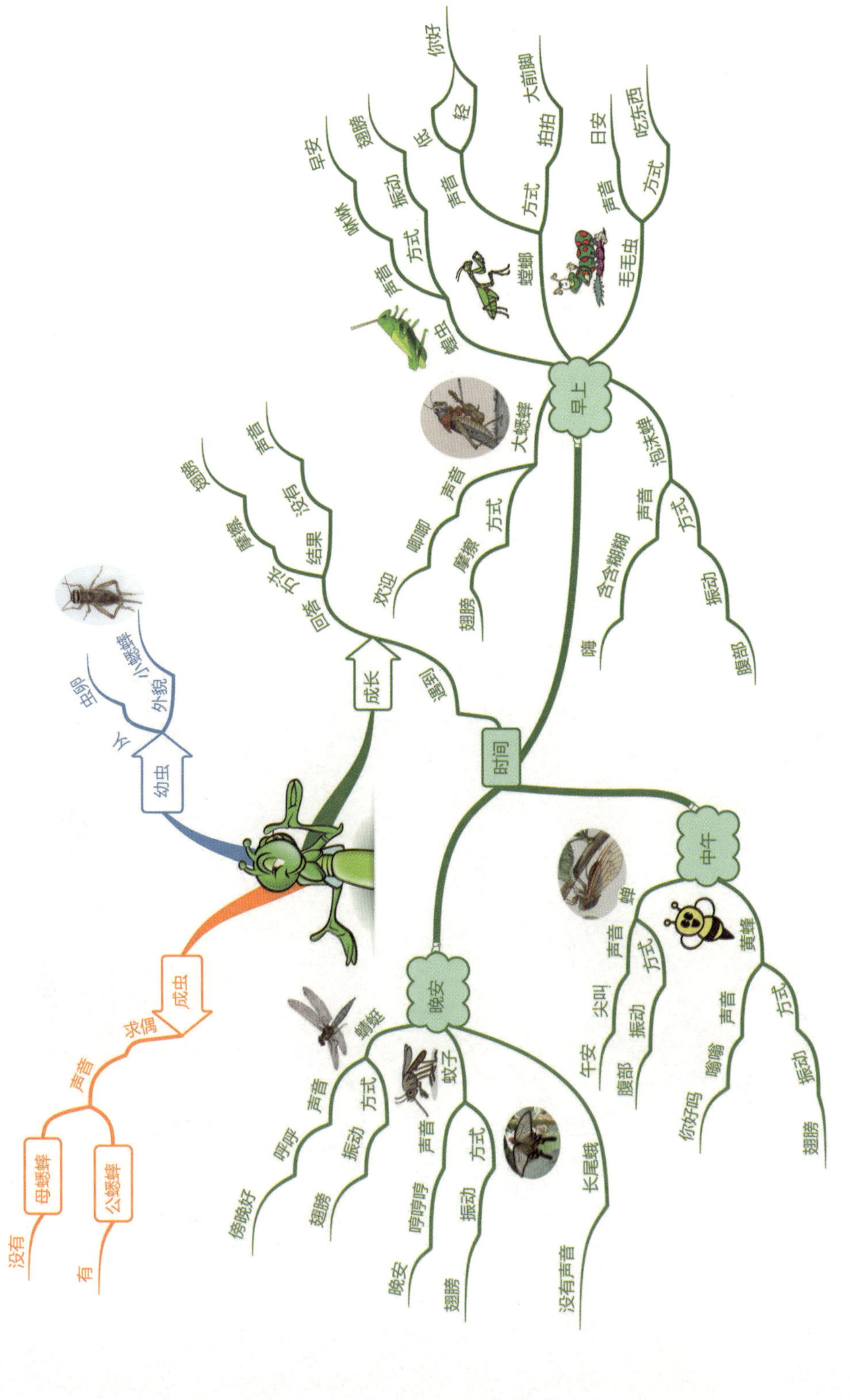

时间
早上
蝗虫
声音
咻咻
早安
方式
振动
翅膀
声音
低
轻
你好
螳螂
方式
拍拍
大前脚
毛毛虫
声音
日安
方式
吃东西
大蟋蟀
声音
唧唧
方式
摩擦
翅膀
泡沫蝉
声音
含含糊糊
嗨
方式
振动
腹部
遇到
成长
回答
欢迎
搭讪
摩擦
翅膀
结果
没有
声音
幼虫
之
虫卵
外貌
小蟋蟀
成虫
求偶
声音
母蟋蟀
没有
公蟋蟀
有
中午
蝉
声音
尖叫
午安
方式
振动
腹部
黄蜂
声音
嗡嗡
你好吗
方式
振动
翅膀
晚安
蜻蜓
声音
呼呼
傍晚好
方式
振动
翅膀
蚊子
声音
哼哼哼
晚安
方式
振动
翅膀
长尾蛾
没有声音

自然课所教的东西呢！但是当我们用思维导图来讲故事的时候，孩子直接比对两张思维导图的结构，再加上我们的引导，就可以很清楚发现两种昆虫成长方式的不同。

回溯思考昆虫分类的过程

在《好安静的蟋蟀》里，蟋蟀遇到了好多好多其他昆虫，在制作思维导图笔记时，这么多的昆虫让我非常头痛。为什么呢？我常常跟孩子说，任何东西只要三个以上，就能够有分类的理由，而分类也可以帮助我们有效记忆，因此要尽量让每个分类的东西不要超过七个。你看到这蟋蟀它碰到了十个其他昆虫，我认为应该要对这些昆虫做分类。

一开始我认为它们可能是发声部位不同，于是我做了以“发声部位”为理由的分类：

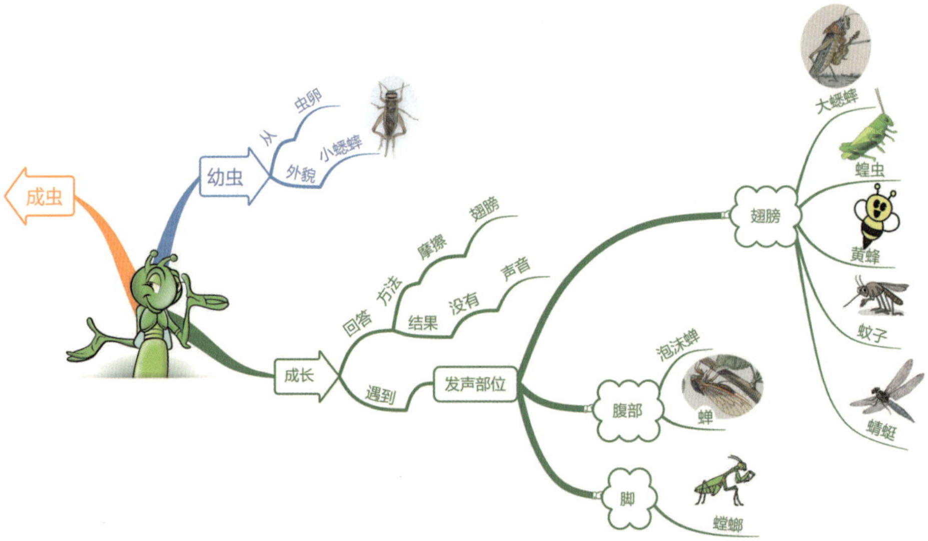

但是做完又发现好像不是这样，因为在这样分类下，看到怎么有一个类别（翅膀）的昆虫这么多呢？看起来不太对劲，于是我尝试着做另一个“发声方式”的分类：

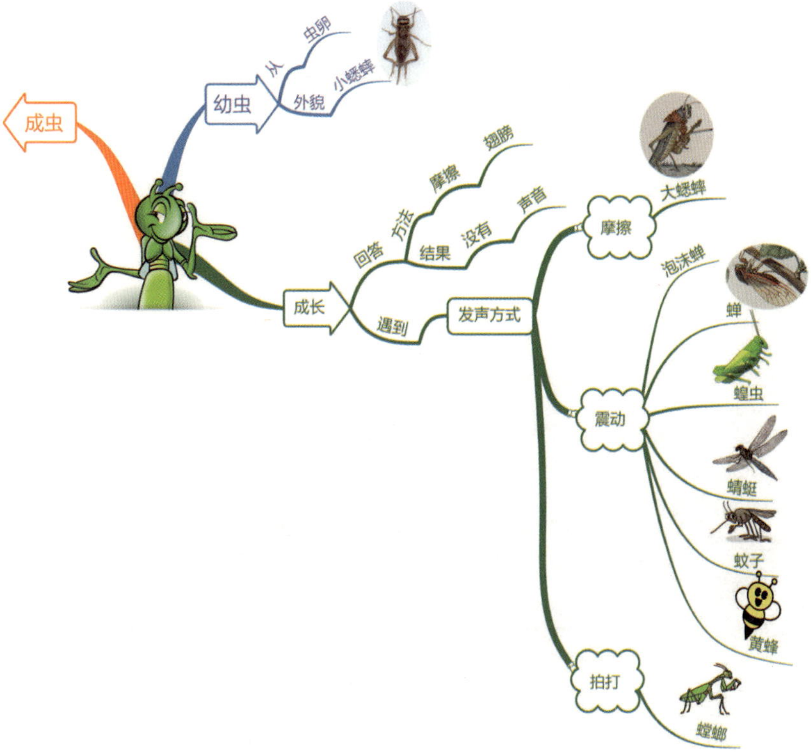

后来又发现这样也不太对，于是我又尝试了第三种以“出现时间”来分类，分成早上、中午和晚上，终于顺利完成47页那张《好安静的蟋蟀》绘本思维导图。

各位爸爸妈妈们，你们看！这分类是不是能够刺激思考？我要做出正确分类，就必须知道被分类对象彼此间的相同性和相异性，为了分类不断地进行思考，不断地重新组织大脑数据库里对每一个生物的认识。另外还要注意到，任何一个作者在写故事的时候，必定是采用四平八稳的写法，因此不太可能会出现某些部分的分量超多，某些部分分量过于少的情形。

综合这么多的考虑，都在制作《好安静的蟋蟀》这张思维导图的过程当中产生，最后我选择了以时间的出现顺序来分类。我再重贴一次缩图让大家比较，看看！经过这样的分类，是不是看起来比较平均，也更具有美感呢？

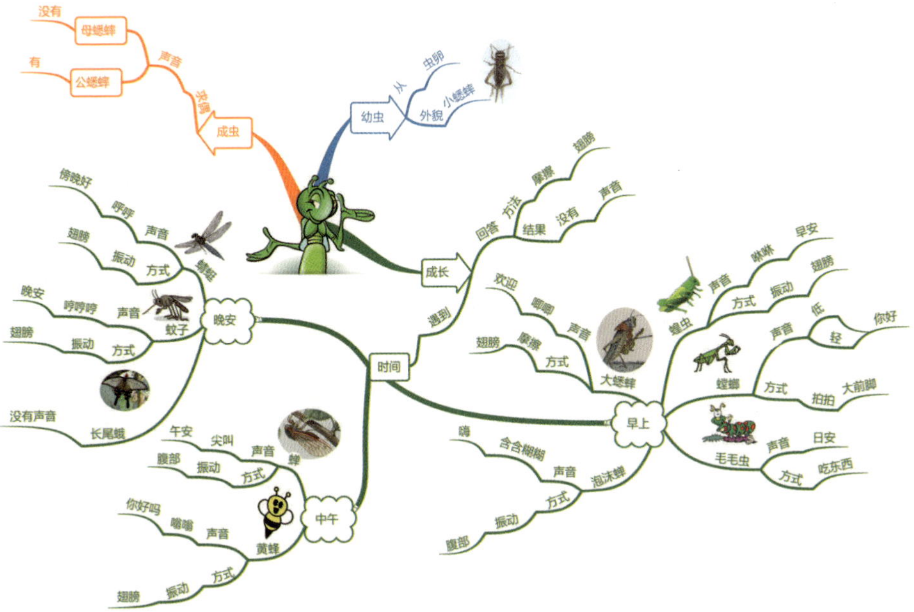

对于低年级来说，老师们常常会使用绘本作为正式阅读的桥梁书，学校的爱心妈妈们也会到学校为低年级的孩子读绘本故事。但是我们可不能只是绘声绘色地把故事念完而已，如果学会使用思维导图来协助绘本的阅读，依据思维导图法四大核心和水平垂直的思考方式，将可以协助学生们提升阅读力和理解力，同时也能够激发孩子的创造力。

第4章

记忆力 up！有趣又吸睛，图像记忆也能这样玩

接下来我们就要开始用思维导图法帮我们增加记忆了。

首先必须了解一下记忆，就像我们启用手机前，总是要先对手机的功能有一些了解，知道怎么使用之后，才能够将手机功能发挥出来，记忆也是一样的。

了解人类记忆的三种类型

一般来说，我们的记忆按保留时间的长短，分成三种层次的记忆，分别是感官记忆、短期记忆和长期记忆。

感官记忆

感官记忆就是我们的五官接受到讯息，在脑海形成的记忆，像是看到、听到、闻到或感觉到等。因为感官记忆停留时间很短，就会出现左耳进右耳出的情况，有些时候我们甚至可能会忽略掉。

感官记忆量很有限，大脑每次只能对感官记忆里的刺激做一些反应，多了就没有办法同时处理了。如果我们想要将感官记忆的东西储存起来，首先这些讯息就必须先得到我们的注意力。注意力是决定我们感官记忆中什么样的讯息要保存，而什么样的讯息会消失的重要因素，因此想要增进记忆力的第一个步骤，就是要先提升自己的专注力。

短期记忆

当感官记忆里的讯息被注意到，接着就会进入短期记忆系统。短期记忆也是有容量的，通常大部分的人就是7±2（5~9）的信息，很少人能够超过9个讯息，因此如果你想要记住，一次最好不要超过7个讯息。但是我们要记的东西何其多，绝对不可能只有7个，那么该怎么办呢？

我们发现大脑有一个很有趣的现象，就是7±2的单位可以是“个”，也可以是“组”。如果我们将讯息做一些组织，让好几个成为一组，就可以增加记忆量了。

而要能够增强记忆，最简单的方法就是先将讯息分类，然后分门别类地储存数据。就像是拿粽子一般，如果我们要拿分散的20颗粽子，我想两只手都捧不起来，但若把这20颗粽子绑成一串，用一根手指头就能够勾起这串粽子了。记忆也是一样。我们必须先把讯息进行分类，再根据短期记忆不要超过7个的原则，掌握类别里的讯息量，那么就会比较好记了。

长期记忆

长期记忆可以让我们记住很久，从几分钟、几小时、几个月，甚至十几年都有可能。而且这中间即使都没有再复习过，大脑也能够将这些讯息记住。

就像是有一天你走在路上，看到了一个你觉得非常非常熟悉的人，虽然你知道那个人是你的同学，不过你却无法叫出他的名字，当下你想了半天也想不起来。可能隔几天，也许你正在洗澡，也许你正在吃饭，但是你会突然“啊！”一声，想出了他的名字。

这个过程中你根本没有去找任何关于他是谁的资料，不过你就是突然想起来了，原因就是这个人的名字其实已经储存在我们的长期记忆里面。但可能也有人会说：“我并不是每一次都能够找到，想起他是谁呀！”是的，因为我们的长期记忆容量远比我们所想象的大，几乎是没有限制的，所以任何的东西都可以放进长期记忆里面。

储存的量这么大，如果没有组织过，就很难在瞬间把你想要知道的信息提取出来，就像是我们东西乱放，想要立刻找到，却忘记它放在哪里，需要花非常长的时间，才能够把那个东西找出来，甚至可能找不到，只好自我安慰说想出来就会自己跑出来了。

乱放东西会造成损失，所以还不如一开始就将这些东西先组织好再储存。

用思维导图法掌握记忆原则

从前面对感官记忆、短期记忆和长期记忆的简单介绍里，你有没有发现：要增强记忆力，重要的就是要先注意到讯息，进而组织讯息，然后分门别类地放置讯息，需要时才能提取讯息来使用。

思维导图法能够先提升感官记忆的注意力，然后在短期记忆中进行分类，接下来找出类别的脉络，分门别类地放置讯息，这些步骤就是以记忆原则来进行的。从思维导图法的四大核心来看，选择“关键词”就是先将不必要的信息去除，留下有效的讯息，以减少记忆的负荷量。

接下来的“分类阶层化”就是将讯息分门别类地组织、放置。在组织讯息时，每一类的细项最好不要超过7个才容易记忆。

在文章笔记的思维导图制作中，第一个步骤必须全览整篇课文，然后问问自己，所看到的这些信息可以分成几个大类别？然后那个大类别中，是否还能够分成几个中类别、甚至是小类别。

在分类的过程当中还需要对每一个关键词进行了解，才能够将这些关键词做出正确的分类。小朋友喜欢使用思维导图笔记的一个重要因素就是插图，但那并不是随意乱加。插图在思维导图法的使用原则是在特别重要的关键词旁边加一个与内容能产生联想的图像，目的是提升注意力，并透过图像的意象增加对文字内容的感受性，强化记忆的效果。

语意记忆与情节记忆

陈述性记忆是人类长期记忆形式的一种，它指的是能够明确想起某个事件或事实的一种记忆，可分为语意记忆和情节记忆。

从维基百科的解释，语意记忆与抽象知识相关，用来储存独立于个人经验的一般事实性知识，像是东西类别、国家首都等；而与个人经验有关的则是情节记忆，用来储存附加于特定事件的观察性信息，例如想起小学参加演讲比赛的经验、选购纪念品时的情境、闻到熟悉的家乡菜味道回想起妈妈煮菜的画面。像这些因记住发生事件时刻的记忆就属于“情节记忆”，而人们详尽地回顾所关切的过往事件，可以将一些无意义的信息串联起来。

情节记忆被认为是一个能够提供语意记忆的基本支持系统。例如，警察通过车祸事件相关当事人所提供的陈述，虽然过程有些是片段的，但可以由此建构出整个事件的来龙去脉。

思维导图法中的关键词形成了语意记忆，而将语意记忆脉络化后，便能形成与关键词相关的情节记忆，如此一来就能将关键词放进长期记忆了。因此为了提升记忆力，我们必须多培养创造力、讲故事的能力，以便能够发挥想象力，串联关键信息。

除了了解记忆的类型之外，要增进记忆的方法还有一个千古不变的原则，就是不断地练习。当我们重复不断地练习之后，讯息反射就能够进入我们的长期记忆，也就不会遗忘了。

人类大脑里面配备有GPS

从人类大脑生理的角度来看，2014 年诺贝尔生理与医学奖得主约翰 · 奥基夫（John O’Keefe）发现大脑内部的 GPS，使我们能定位空间所在位置，并证实脑部有些神经细胞负责高阶认知功能。

在大脑特定区域 – 海马回的特定类神经细胞总是被活化，当转换至其他的位置时，则转而活化其他神经细胞，这些位置细胞就形成房间的空间轮廓。

两千年前的古希腊人虽然不知道大脑内部的运作历程，但却运用了房间的空间记忆法，以不同房间中的不同摆设，将想要记忆的讯息结合，运用这些摆设来作为信息提取时的暗示。另外，还有以身体挂钩的方式，将所要记的东西挂在身上，回想时只要看到或摸到当初在记忆里挂东西的身体部位，就会很容易回想起来。

因为思维导图笔记是以图解方式，从中心主题向四周以 360 度展开，不像一般其他的笔记都是以条列方式呈现，缺少了空间位置的变化，因此在记忆思维导图的笔记时，就可以运用到空间记忆能力。

图像可以有效帮助记忆

我们不断强调“一幅图胜过千言万语”，图像中能够包含很多没有说出来的信息，当我们看到图像时，会对图像做很多的解释，要记忆时也可以把信息转成图像，从图像所透露出来的脉络，就可以帮我们从语意／情节记忆的方向进入长期记忆。

就像上图其实代表着一首唐诗，仔细看就可以猜出来这是柳宗元的《江雪》。

千山鸟飞绝，

万径人踪灭。

孤舟蓑笠翁，

独钓寒江雪。

孩子要背诵这首诗，但只是朗诵记忆实在没意思，于是他将五言绝句的二十个字以一幅图画呈现出来，我们可以很清楚地看到孩子发挥创意。

解释开头的“千山鸟飞绝”这一句，首先他画了很多座的山，而且每座山头都有皑皑白雪，告诉我们这些山群的高大壮阔，以及当时的季节是冬天，以呼应最后一句“独钓寒江雪”的温度感。因为诗中说有鸟，可是鸟却早已飞不见了，像这样子一个连续性的画面，他如何在静态的图案中呈现出来呢？这就需要有很多的想象力了。这个孩子很可爱，他将鸟画成小天使从棺材里往天上飞，直接暗示本来有鸟，但现在这些鸟都不存在了。

第二句是“万径人踪灭”，他用一条长长的路，曲曲折折地告诉我们这条路有多长，但是却一个人都没有。

接下来画了一个穿着蓑衣、戴着斗笠的钓鱼人，独自在江上钓鱼，表示第三句的“孤舟蓑笠翁”。

最后一句是“独钓寒江雪”，这孩子要如何在这一幅图画里面表达出寒冷江面飘着雪的温度感觉呢？看，这个孩子真是太有创意了！除了以白色山头来说明大雪纷飞覆盖千山之外，他在水面上画了一个小鬼飘过来，因为我们常会说当有鬼出现的时候，就会感到有一股寒意（在这里也可以看到运用主动式思考的有效学习，必须要能够联系自己独特的过去经验），用来反映作者柳宗元被贬谪永州以后，倍感孤独的心理状态。

这个孩子以视觉图像的方式，融入个人独特的生活经验，来呈现一首唐诗，是不是既有趣又容易记住呢？

以图像背诵积累记忆数据库

要把作文写好，先要有很多材料存放在大脑里面，创作时才有素材可以取用，所以要写出好作文必须先背诵许多好文章。古时候的人读书，一开始也是以背诵为主，但我们现在其实很少做背诵的工作，因为背诵需要花非常多的时间，大部分的孩子没有耐心做这样子的事。

其实我们同样可以运用思维导图法的方式来帮助背诵文章。小时候，父母要求我背诵日报优秀短文，长期下来，这些记过的东西，甚至是文章的架构，自然而然地储存在我的记忆中，后来写作文也都还很顺利，高中、大学升学考试的作文还常常帮我加分呢！

因此，我觉得背诵短篇的优秀短文是提升写作功力的好方法，也希望女儿能够用这样的方式帮助自己提升作文能力。但女儿是新时代的人，向来对于直接背诵一篇短文没有兴趣，而且觉得非常无聊。这时候我就会带着她一起讨论这篇短文，协助她先对文章进行理解（为求进步，我们通常会选取略高于她目前能力的文章来读）。

理解完后，接着问她：“这可以用什么样子的图像来帮助你记住呢？”前面曾经说过，图像是能够增加记忆很重要的一个元素，于是我就鼓励女儿画成图像，通过图像来记住这篇文章。

灯塔
1→2→3
USA
+-×÷

亲子合作绘制全图思维导图

我和女儿一起合作了一篇了《志向与努力》这篇文章的思维导图。这篇文章摘自台湾文经社出版的《灯塔2》一书。原文如下：

志向与努力

胸怀大志、努力学习及努力工作，是成功的关键。

人人都应该立志，为自己建立一个远大的目标。按部就班地走向这个目标，终有一天会实现自己的梦想。美国作家詹姆斯·艾伦说：“你会像你渺小的愿望一样渺小，像你伟大的志趣一样伟大。”胸怀大志的人，不难摘到天上的星星。

但是要实现自己的的梦想，到达远大的目标，必须加倍努力，努力学习，努力工作。要做到这样两点，必须先养成热爱学习和热爱工作的习惯。

恨功课、恨工作的人不可能加倍努力，不可能在努力学习和工作中，发现生命中最可贵的宝藏。

在陪孩子理解这篇文章的过程当中，我们一边发挥想象力讨论什么叫作“志向和努力”？

女儿说努力就是像爬楼梯一样爬上去，所以我就画了一个楼梯，再加一个往上的箭头。可是志向呢？志向就是要达到目标，所以我们就画了一个正中红心的箭靶。

接着我问女儿觉得整篇文章可以分成哪几个部分？她说三个。第一个就是关键的地方；第二个是人人都应该立志；第三个部分是要加倍努力。我们用绿色荧光笔选出关键词，然后将关键词用图像表示，同时为了让重点内容能产生记忆的链接，只要有关学习的都用加减乘除的符号、工作都用钱的符号来表示。

例如在关键的地方她用一把钥匙代表，而人就以火柴人来代表一般人；在自己这一个分类中，她画了最喜欢的一个小女生很努力地在跑；最后一个分类的地方，她用了很强烈的红色和黑色，像爆炸一样的方式，表现出心情不好的感觉，同时这一支线条她也用了黑色来表示。

接下来按部就班就是1-2-3、渺小用一小点、伟大就用一个大点来表示，其他也都用图像代表。

当孩子脑袋中记住这一张思维导图，就很容易记住一篇原本字词都不是她很熟悉的文章，而在我们将文字转成图像以后，她就有了记忆的线索，她就能记住较难记忆的内容了。

常玩游戏也能练出记忆力

好了，到这里我们知道了如果想要增强记忆力，要先能够注意到讯息，进行分类，再依照分类关系将关键信息摆在相对位置，并了解关键信息脉络之间的关系，最后还要重复进行多次练习。

快乐的情绪有助于学习的记忆，练习必须要在心情愉快的情境下进行，才有可能激发脑神经活跃，因此建议通过游戏方式进行多次练习。以下简单介绍几款孩子在学习思维导图法时常玩的游戏。

★猜数字

右图是一套猜数字的卡片，数学的计算通常需要多次练习，形成对数字计算的敏感性，比较不容易做错。过去我们通常是做一堆练习题让自己熟悉四则运算，但这个过程相当枯燥乏味，而借由这套猜数字的卡片，我可以帮助幼儿园大班的女儿自愿且开心地练习加法心算。当她拿着卡片，得意地猜出对方心里想的数字时，成就感驱使她继续找其他人玩，于是跟一班同学玩下来，就相当于练习了20次以上，玩上几轮下来，还用得着担心她不会加法吗？

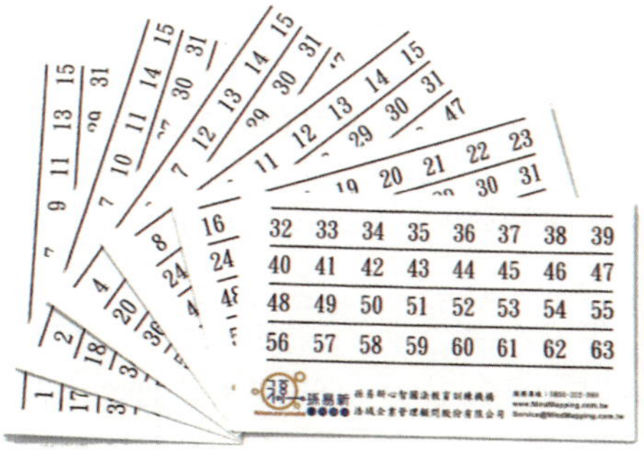

★桌游

运用桌游来提升孩子学习的兴趣，也可以使得孩子愿意自动自发做很多次的练习，并且通常是在相当愉快的心情下进行。

在强化记忆思维导图的前提之下选择桌游，必须考虑要能够增加专注力、提升感官记忆、短期记忆和长期记忆，以及空间记忆和陈述性记忆，同时也要发挥想象力来整合关键信息。运用桌游来提升记忆力之前，必须先了解我们买桌游是为了要提升什么样的记忆力，才不会看起来好像买了一堆，却都只是提供给了大脑相同的刺激。

比方说《眼明手快》、《缤纷糖果》、《恐龙肚子转呀转》这三款桌游，就很适合用来培养训练专注力。孩子在玩这些游戏时，必须要能够专心注意图片上的相同与不同点，或是注意看骰子所掷出来的条件，然后在第一时间找出符合条件的相对应图卡。像这样有竞争性的游戏，借由孩子想赢的心情，可以让孩子在兴奋开心之余也能有专心的能力。

①《眼明手快》

必须集中注意力看三颗分别代表外圈、背景和图案的骰子，掷出来后，看谁最快找到相对应的图案，就可以获得计分。这个游戏除了训练孩子的专注力，也能让孩子了解对于关键词要先有印象（三颗骰子骰出来的结果），如此才可以在课本中快速找到重点（在众多图案中找出对应骰子的图案卡）。

②《缤纷糖果》

这款游戏跟《眼捷手快》类似，都是要从骰子掷出来的颜色去找到相对应的图案，但因为《缤纷糖果》颜色更为复杂，所以更需要集中注意力。

③《恐龙肚子转呀转》

同样是一款练习专注力的游戏，由三个颜色六颗珠子形成的图案，在每一次转一转之后，会出现不同的排列位置，孩子就要找出相对应的图卡。

多练习可以提升专注力，但是如果总是重复进行同一种游戏，难免会让孩子觉得无聊，因此我会选择一些目的相同，但是不同类型的游戏，可以有

1	5
2	6
3	7
4	

些变化，提高孩子主动玩的意愿。

④《恐龙脚》⑤《记忆转转盘》

这两款玩记忆的卡片，训练到的就是属于空间记忆部分，玩法都是先将图卡盖起来，然后让孩子们依据方位记忆，找出一样的卡片。挑这两款游戏给孩子玩，可以帮助孩子记住思维导图中的不同类别在哪个位置，借由空间记忆来增强记忆能力。

⑥《四方图卡》

在运用上拿来做空间记忆的刺激，每张卡片串联起来还可以发挥想象力，进行语意记忆的练习。顺着记、倒着记都可以，就像是故事接龙一般，顺着每张卡片编出一个小故事，可增加创造力和陈述性记忆。

⑦《故事骰》

玩这个游戏时，可因孩子过去的生活经验，对于图像有个人的解释，而编出不同的故事便于记忆。像这种故事接龙的游戏，都可以刺激孩子做陈述性记忆，以及想象力激发的练习。

相对于《四方图卡》，《故事骰》较为抽象。《故事骰》的图案通常必须自己先做些诠释，然后依着对每个掷出来图案的诠释，再串联出一个故事，因此更需要结合自己过去的经验，才能够编出通顺的故事，对于语意情节的练习就会更为深入。

⑧《妙语说书人》

这一款游戏图像丰富，孩子们因为个人过去独特的生活经验，在卡片上看到的焦点不一定相同，经由出题人对图片情境的解释，其他一起玩的人除

7 7
8 8
9

了可应对自己看到的与他人看到的不同之外，还能借由多元的观点增进情节记忆，发挥想象力，以及提升创造力中增补细节的能力。所以这款游戏除了能增强情节记忆外，还多了增进扩散性思考的能力。

⑨《拔毛运动会》

我非常喜欢使用这款桌游，虽然这款桌游只有12个元素要记忆，不过还是超过了记忆容量的“7”。若想要全部记住，就必须要练习记忆的技巧。

参与游戏的人必须先对每张要记忆的卡片，选定一个可以代表该卡片的象征意义（如破鸡蛋、小鸡、刺猬），然后将要记忆的卡片以3×4的方式摆放，接着我会视三张卡片为一类，分成四类，将这四个类别先以身体挂钩的方式挂在身上，而每一类别之下有三个东西，就编成一个小小的故事情节。比方说之前的三张卡片可以编成：“打破鸡蛋、孵出小鸡、千万不要遇到刺猬。”像这样只需要用三张图卡编成一个情节，玩的人很容易就会将这12个东西记起来了。这款桌游就是可以用来刺激我们在空间记忆和陈述性记忆方面的练习。

身体挂钩

挂钩法是利用某一空间里的位置，当作记忆挂钩，来记住大量数据的记忆法，常见的有罗马房间法与身体挂钩法等。世界第一位在脑力奥林匹克记忆力竞赛中夺冠的欧布莱恩（Dominic O' Brien）就是运用这项技巧。

这是一种缘起于古罗马，结合视觉图像与空间位置的记忆术。首先在熟悉的空间里找几个不会随意变动位置的东西，依顺序编上挂钩号码，例如房间里的家具或身体部位，然后把要记忆的事物跟那些挂钩位置链接、联想在一起，尽量融入五官的感觉，幽默、夸张一点都没关系，回忆时用那些空间位置作为线索，很轻松就可以说出答案。这个方法称之为“空间记忆法”或“位置记忆法”。

经常跟小孩玩这个游戏，可以培养记忆思维导图笔记的能力。我们就以身体挂钩法来为大家做个说明。首先按照身体位置的顺序编上挂钩编号，由上到下或由下到上来编都可以。（如右图）

熟悉身体左右边共 20 个挂钩位置之后，接着拿出一堆识字卡片当素材，随意抽出 20 张，依序挂到身体的每一个挂钩上，你将会很惊讶地发现，自己的记忆力刹那间突飞猛进，不仅可以顺背，也可以倒背、抽背。

⑩《睡皇后》

《睡皇后》这款游戏比《拔毛运动会》多了一些中间的干扰因素，你可能需要做数字的四则运算或是找出相同的牌，你还可能有一些任务牌需要去进行，因此虽然你确实记住了12个皇后所在的位置，但你还是可能会被其他因素所干扰，这时候你就更需要集中你的专注力了。

多做这方面的练习，有助于提高我们的大脑神经等级，反应变快，也就容易记住了。

多活动、多流汗也很重要

另外，除了玩桌游，要让孩子能够专注，还有很重要的一点就是要让孩子有足够的活动量。

现在都市里的孩子，因为家里空间不足，在学校时间又非常紧凑，下课不见得都可以到操场上活动、奔跑，放学后还要去辅导班，直到近八点才有可能回家休息。回到家之后，学习了一天已经很累了，还要赶着上床睡觉，不然隔天无法准时起床。孩子日复一日地在各个建筑物里转呀转，能够停下来喘口气的时间其实不多，更何况是大量流汗的运动。

因此家长鼓励孩子多做会流汗的活动是相当重要的。但要注意运动的种类，除了大肌肉运动，像是跑步、游泳等，也要做一些会用到末梢神经的活动，像是拍球、打桌球、做家事，或是露营时搭帐篷等较需要用到手指的动作，像这样多使用大小肌肉，对于学习时的专注力和握笔能力很有帮助。

▲小朋友演练身体挂钩法

第5章

学习力 up！参观旅游 活用思维导图教学寓教于乐

俗话说："读万卷书，不如行千里路。"这句话是要告诉我们，生活经验是最宝贵的学习资源。也就是不要只读死书，要能从生活中去体会、验证、积累与应用知识。

多看展览是一个能够扩大自己视野很好的方法。由于全球化以及科技的进步，常常会有来自世界各地、跨越古今中外的展览，在我们的城市举办。经常带孩子去接触这些展览，不仅可以增广见闻，丰富自己的生活，还可以帮助孩子建立他们现在以及未来学习同化与调适的基础。

参观展览：在孩子大脑放一张看展地图

但要达到有效学习的目标，我们必须先对这样的学习做一番计划，否则容易沦为走马观花，或是留下入宝山却空手而返的遗憾。

以思维导图法的概念来进行参观计划，可以帮助孩子在学习前对主题架构有个整体的概念，在学习时更能掌握想要学习的内容，在看过展览后可以很快整合观察到的信息。启动这种吸收知识、管理知识的模式，知识才能进

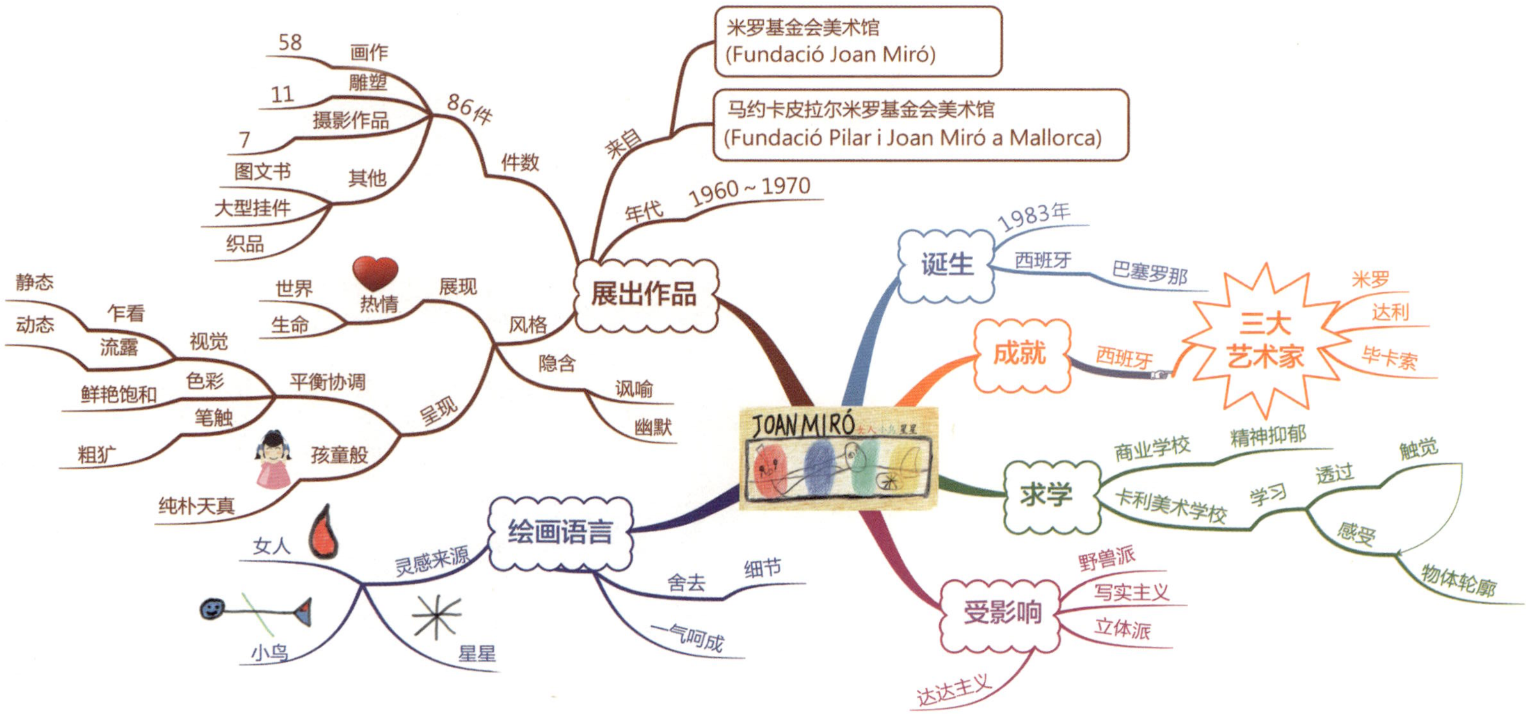

JOAN MIRÓ
诞生
1983年
西班牙
巴塞罗那
成就
西班牙
三大艺术家
米罗
达利
毕卡索
求学
商业学校
精神抑郁
卡利美术学校
学习
透过
触觉
感受
物体轮廓
受影响
野兽派
写实主义
立体派
达达主义
展出作品
来自
米罗基金会美术馆 (Fundació Joan Miró)
马约卡皮拉尔米罗基金会美术馆 (Fundació Pilar i Joan Miró a Mallorca)
年代
1960 ~ 1970
件数
86件
画作
58
雕塑
11
摄影作品
7
其他
图文书
大型挂件
织品
风格
展现
热情
世界
生命
隐含
讽喻
幽默
呈现
平衡协调
视觉
乍看
静态
流露
动态
色彩
鲜艳饱和
笔触
粗犷
孩童般
纯朴天真
绘画语言
灵感来源
女人
小鸟
星星
舍去
细节
一气呵成

入大脑的长期记忆中，并提供未来使用知识、进而创造知识的机会，奠定良好的学习基础。

预做参观思维导图，学习效果看得见

73页这张参观米罗画展的思维导图，就是我在带孩子去参观展览之前，先跟孩子做说明时所使用的。在进行说明时，有几个步骤可以提供给大家参考。

①了解作者背景

让孩子预先对展览的作者有一些认识，可以帮助孩子探索、理解他们为什么会创作出这样的艺术作品。

②简介参展作品

接着再说明这次展出的作品是从哪里来的？是从哪个时代来的？主要的风格有哪些？

在参观之前做这些功课，就好像放了一张关于展览内容的地图在孩子的大脑中，不仅能够让他们知道这次的展览有些什么，也知道为什么会有这样的艺术作品，它们是在什么样的时代背景下被创作出来，以及画家在创作作品时的心境，与人生几个阶段的生活状况。

另外，75页达利展那张思维导图则是让孩子在参观展览的过程中，可以一边欣赏参展作品，一边收集自己所需要的数据，以便进行之后的知识管理。这就好像是一件新衣服买回来之后，就有条理地将衣服归到适合的抽屉，日后取用时就会方便许多。

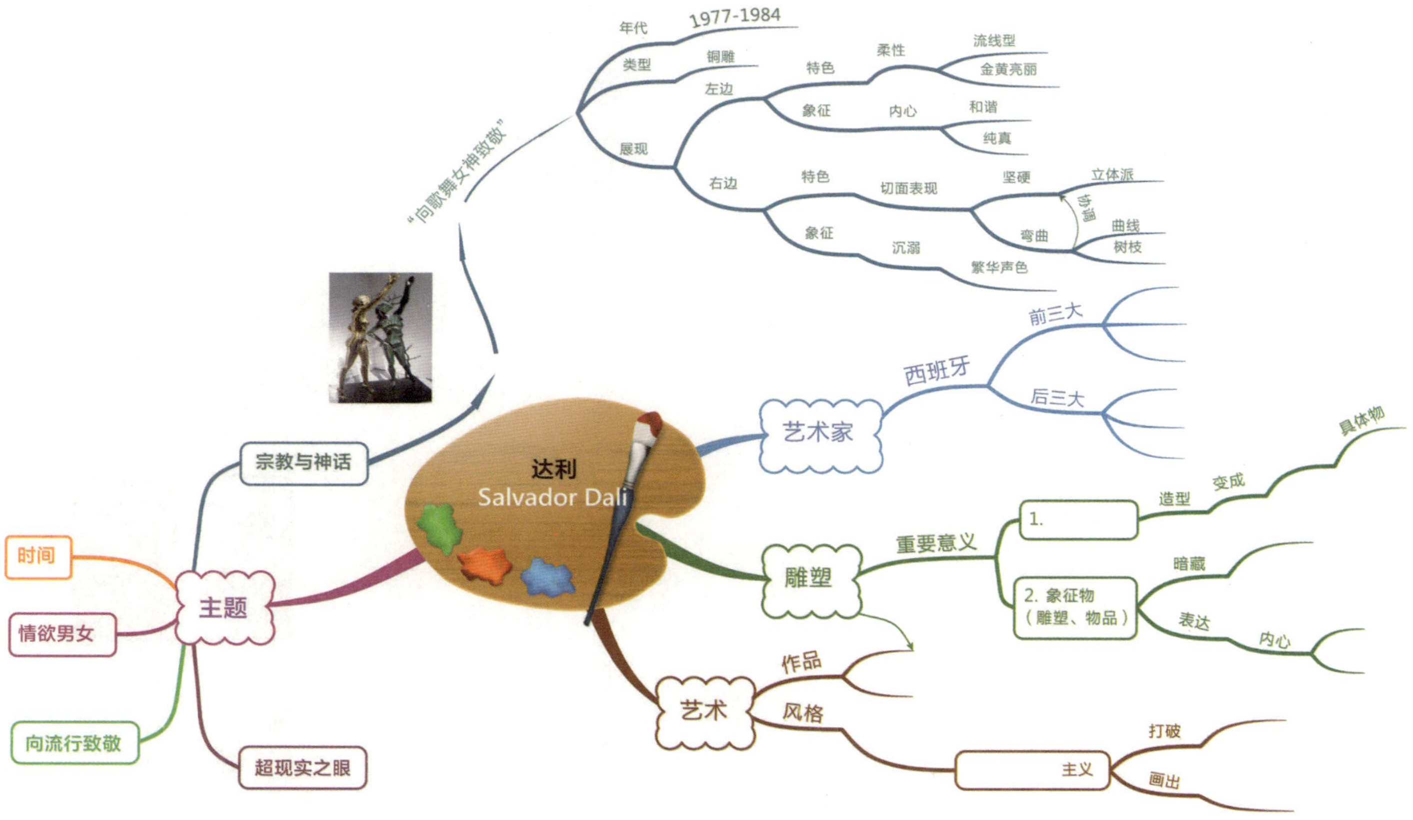
达利
Salvador Dali
主题
时间
情欲男女
向流行致敬
超现实之眼
宗教与神话
“向歌舞女神致敬”
年代
1977-1984
类型
铜雕
展现
左边
特色
柔性
流线型
金黄亮丽
象征
内心
和谐
纯真
右边
特色
切面表现
坚硬
立体派
协调
弯曲
曲线
树枝
象征
沉溺
繁华声色
艺术家
西班牙
前三大
后三大
雕塑
重要意义
1.
造型
变成
具体物
2. 象征物
（雕塑、物品）
暗藏
表达
内心
艺术
作品
风格
主义
打破
画出

依我过去几次带孩子和学生参观画展的经验，在正式开始进入参观前，把这一份上面留有空格的半成品思维导图发给孩子，让他们在参观的同时做填空，自己完成这张思维导图，一般来说都可以收到很不错的学习效果。

③增加参观互动

这张思维导图就像前面所讲的鹰架一般，在参观展览的过程中提醒孩子必须要注意的点有哪些，并且先留下空格，让他们可以主动填上自己的发现，形成展览作品与参观者的互动。

④迅速整合知识

如此一来，孩子在参观过程中不仅只是看到这些展览品，而是有意识地了解自己要看哪些内容，并且在思维导图法的协助之下，可以在当下就整合了这些知识。

在参观完成之后，我会强烈建议立刻帮助孩子对刚刚看的展览进行回馈与整理，在他们记忆最深刻的时候把所见所闻讲一遍，有助于他们将这些信息存入长期记忆中，成为自己能力的元素之一。

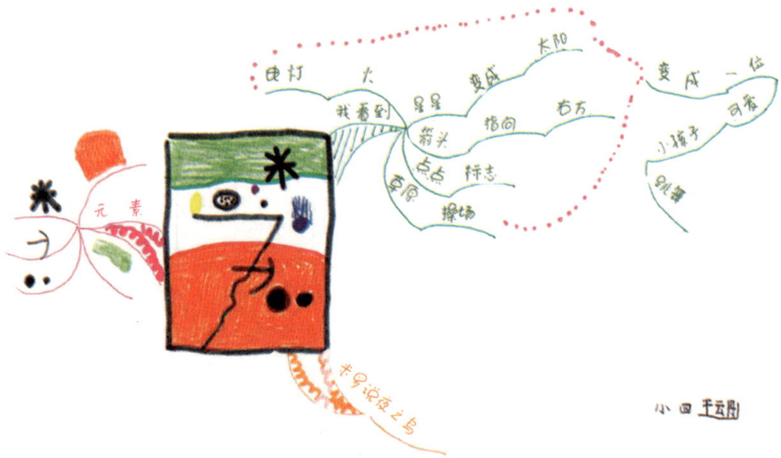

参观米罗展的心得画

下面这几张图就是孩子们在看完米罗的画作之后，大家集思广益提供自己的心得，合力绘制出来的小米罗画作。看看！是不是从他们的画作中，我们就可以明显看到这些孩子在参观之后，已经能够清楚掌握了参观米罗展所要学习的内容呢?

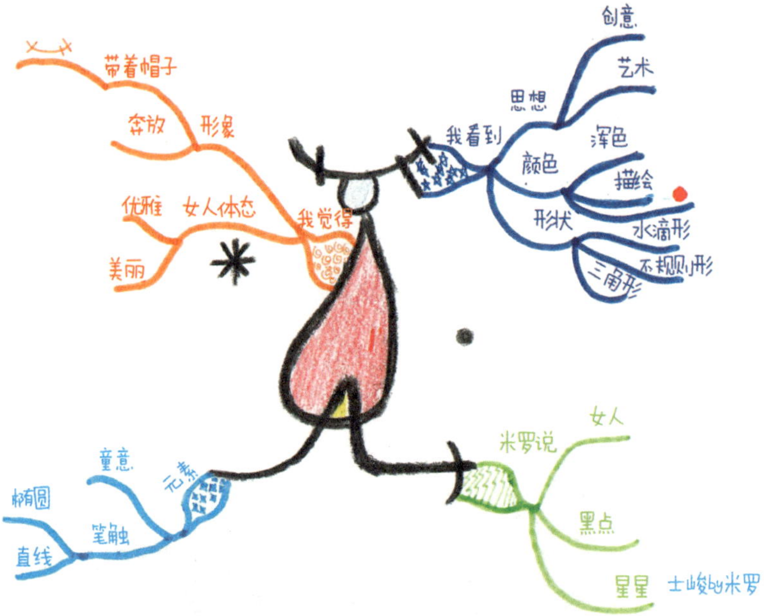

分段出游：有计划地游览动物园

出去玩也是一样，如果能够事先做好准备，孩子就不会只是上车睡觉、下车尿尿，醒着的时候还一直抱怨怎么还没到。

分区规划思维导图，学习玩乐同步走

动物园是一个非常值得带孩子去的地方，但是一般动物园的园区都非常大，要让孩子一天走完，并且能够记住所见所闻，其实并不容易。但是我们也不可能三天两头就往动物园跑，这个时候使用思维导图法就很有帮助了。

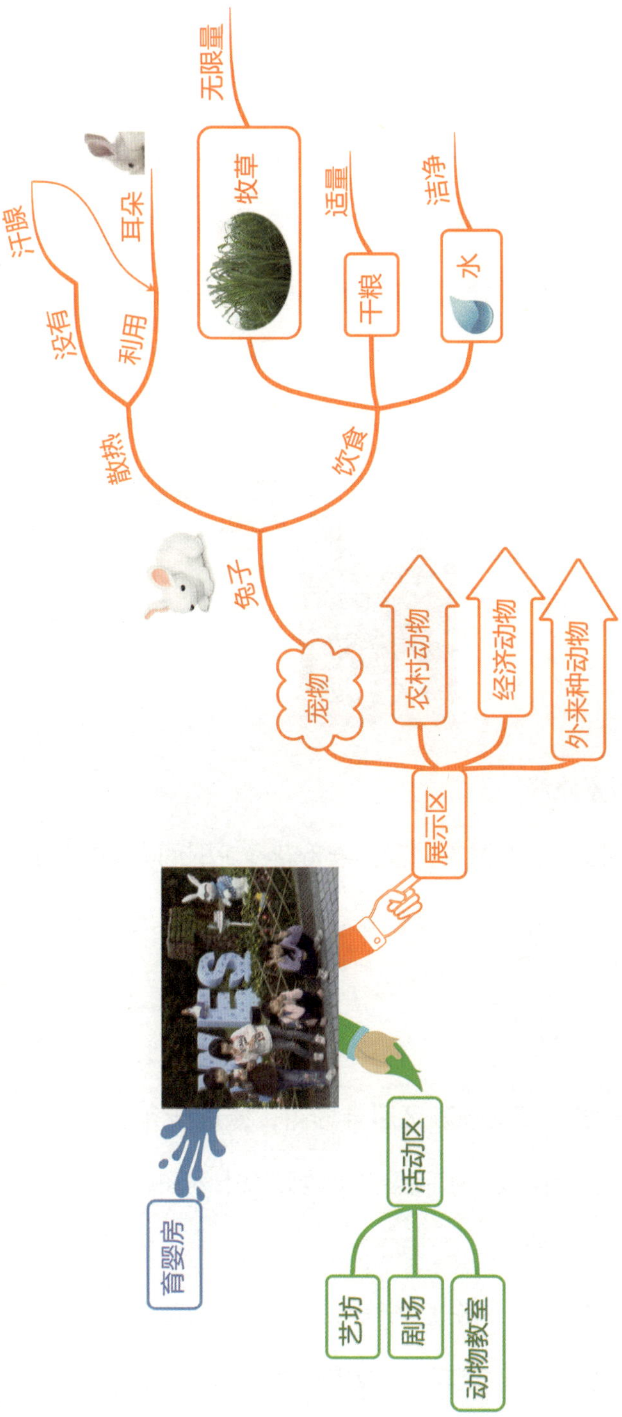
育婴房
活动区
艺场
剧场
动物教室
展示区
宠物
农村动物
经济动物
外来种动物
兔子
散热
没有
汗腺
利用
耳朵
饮食
牧草
无限量
干粮
适量
水
洁净

①了解园区设施

我们可以先根据动物园的园区地图，了解整个动物园包含哪些区域，再将各区域里面有哪些动物做一番分类整理。例如在下面这张动物园展示区思维导图当中，我们将“户外动物区”再区分成特色、地区与生态三类。借着这样的分类，可以更清楚了解在这一区可以学到什么。

②规划探索路线

接着可以跟孩子们讨论，我们准备花多少时间在动物园？这次要参观哪些区域？以后再来的时候，我们就可以锁定没去过的区域继续完成动物园的探索。

79页是一张儿童动物园区思维导图，像这样完成一张张的迷你思维导图，最后就可以组织成一张完整的动物园思维导图，像是玩拼图一般，慢慢地将动物园一手掌握。

在每个区域里面的迷你思维导图，可以依着孩子的兴趣，对于里面的动物做更详细的了解，这些都可以应用参观当天的观察，以事先或是事后上网

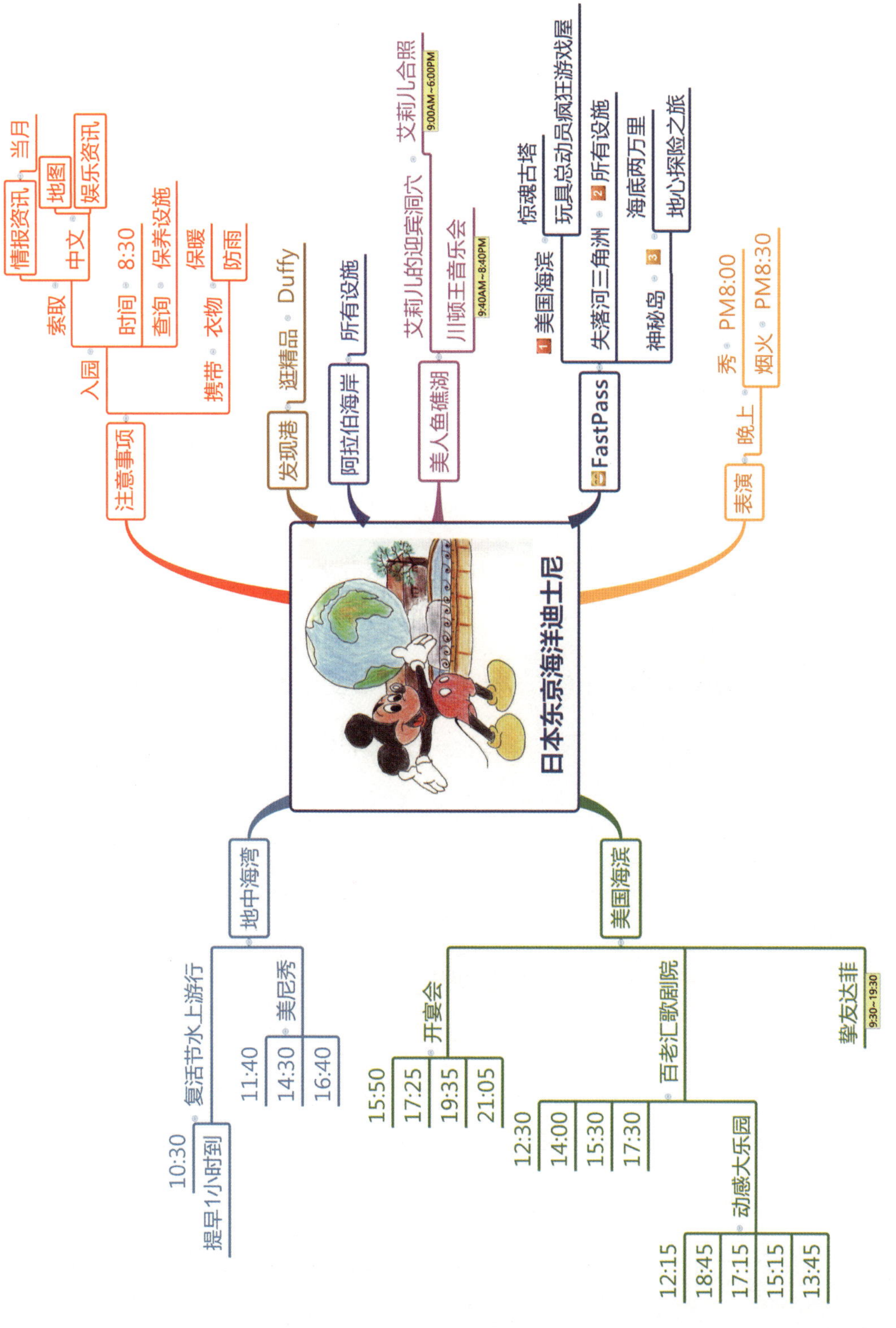
日本东京海洋迪士尼
注意事项
入园
索取
中文
情报资讯
当月
地图
娱乐资讯
时间
8:30
查询
保养设施
携带
衣物
保暖
防雨
发现港
逛精品
Duffy
阿拉伯海岸
所有设施
美人鱼礁湖
艾莉儿的迎宾洞穴
艾莉儿合照
9:00AM~6:00PM
川顿王音乐会
9:40AM~8:40PM
FastPass
1 美国海滨
惊魂古塔
玩具总动员疯狂游戏屋
2 失落河三角洲
所有设施
3 神秘岛
海底两万里
地心探险之旅
表演
晚上
秀
PM8:00
烟火
PM8:30
地中海湾
提早1小时到
10:30
复活节水上游行
11:40
美尼秀
14:30
16:40
美国海滨
开宴会
15:50
17:25
19:35
21:05
百老汇歌剧院
12:30
14:00
15:30
17:30
动感大乐园
12:15
18:45
17:15
15:15
13:45
挚友达菲
9:30~19:30

的方式搜寻资料，来协助孩子进行这方面的学习，不仅可以让孩子有独立自主的学习，也可以培养孩子运用网络工具帮助自己学习。

疯玩乐园：一张图畅游日本迪士尼

迪士尼乐园是一个梦幻世界，去迪士尼玩的时候，就是孩子们最兴奋的时候。但是每次玩完之后，孩子都会有些遗憾、有些不甘心，为什么呢？

因为这是一个太热门的地方，每天都有好多好多的人涌入，每项游乐设施任何时段都大排长龙，虽然玩了一整天，几乎都累瘫了，孩子还是常常不能玩得非常尽兴，因此我决定运用思维导图法的概念帮孩子玩一次超级过瘾的迪士尼。

2015年暑假我带着小学五年级的女儿准备到日本海洋迪士尼乐园去度假，我们都知道，在暑假期间前往迪士尼的游客爆多，但是我们决定这次一定要玩个过瘾！但要如何才能够达到这个目的呢？当然我们必须事先做好准备。

计划攻略动线，景点时间方位一把抓

根据过去的经验，当我们拿到迪士尼的导览地图之后，丰富的色彩和图像，会让我们眼花缭乱。于是我和女儿决定用思维导图法制作一张全攻略导览图，在思维导图中标示出非玩不可的游乐设施，和一些比较著名的景点，并且还有时间上的提醒。

由于迪士尼乐园里面有些游乐设施可经由抽快速票的方式节省排队时

间，因此在我们的思维导图右下角特别拉出一支大类叫作“FastPass”。如此一来，这张思维导图不仅可以让我们掌握有哪些好玩、必玩的设施，也能够让我们了解有哪几项可以快速就玩到。

81页那张中心主题为“日本东京海洋迪士尼”的思维导图就是我跟女儿合作完成的。借由这张思维导图，再配合游乐园的地图，我们母女俩那天总共玩了6个快速通关的游戏，并且在等待热门游戏的时候，也玩到了我们想要玩的其他小游戏。

这一次的东京迪士尼一日游，让我们玩得非常非常的尽兴，虽然累到那天只能靠着本能拖着疲惫的双脚走回饭店，但我和女儿的内心都非常满足。

其实迪士尼乐园我们不只去过一次，但因为这一次事先运用思维导图法做好迪士尼玩乐全攻略，除了让我们真正享受到了亲子共游的乐趣之外，最重要的是让孩子体会到做计划的好处与重要性，以及初步掌握怎么用思维导图法来做计划。

校外教学：以思维导图笔记记录参观内容

学校也常常会带孩子们出去校外参观教学，如果老师能根据教学纲要与学习重点，运用思维导图法的概念帮助孩子了解这次校外教学要去哪里？要学习哪些东西？在参观时就让孩子以思维导图的笔记方式记录他们观察到的东西，回来以后就很容易让孩子能够顺利说出一篇简单的校外教学游记了。

通常孩子们校外教学思维导图笔记的内容大多来自解说牌上的说明，这在刚开始的时候是可以接受，但是慢慢地也要要求他们注意听老师或解说员的现场讲解，并将重点整理到思维导图当中。

如果发现孩子在现场整理的思维导图笔记，内容不够完整，或逻辑分类上可以调整得更好，也必须提供意见给他们，并请他们重新画一张，让孩子透过每次的练习，精进思维导图笔记的技巧。

85页那张（指导前）思维导图是学生根据解说牌内容整理的思维导图笔记，86页的（指导后）思维导图则是经过老师指点后重新绘制的思维导图笔记，大家可以翻页比较看看哪里不一样？

小提醒

□思维导图的四大核心：关键词抓重点、分类是逻辑的基础、颜色及图像有助于将我们的感觉放进知识里，更容易产生连结。

□借由水平和垂直思考的形式建立 3D 的思考模式。

□增加记忆力的方法就是多练习，游戏可以让孩子自动自发地多练好几次。

□参观、阅读和欣赏美好的事物，都可以扩充孩子知识的数据库，激发想象的空间。

类别
草食性动物
鹿科
特征
体长
150公分
毛色
夏季
栗红色
冬季
烟褐色
白斑点
像梅花
角
♀ 雌性
无角
♂ 雄性
有角
繁衍
时间
交配
9～11月
生产
5～7月
数量
一、两只

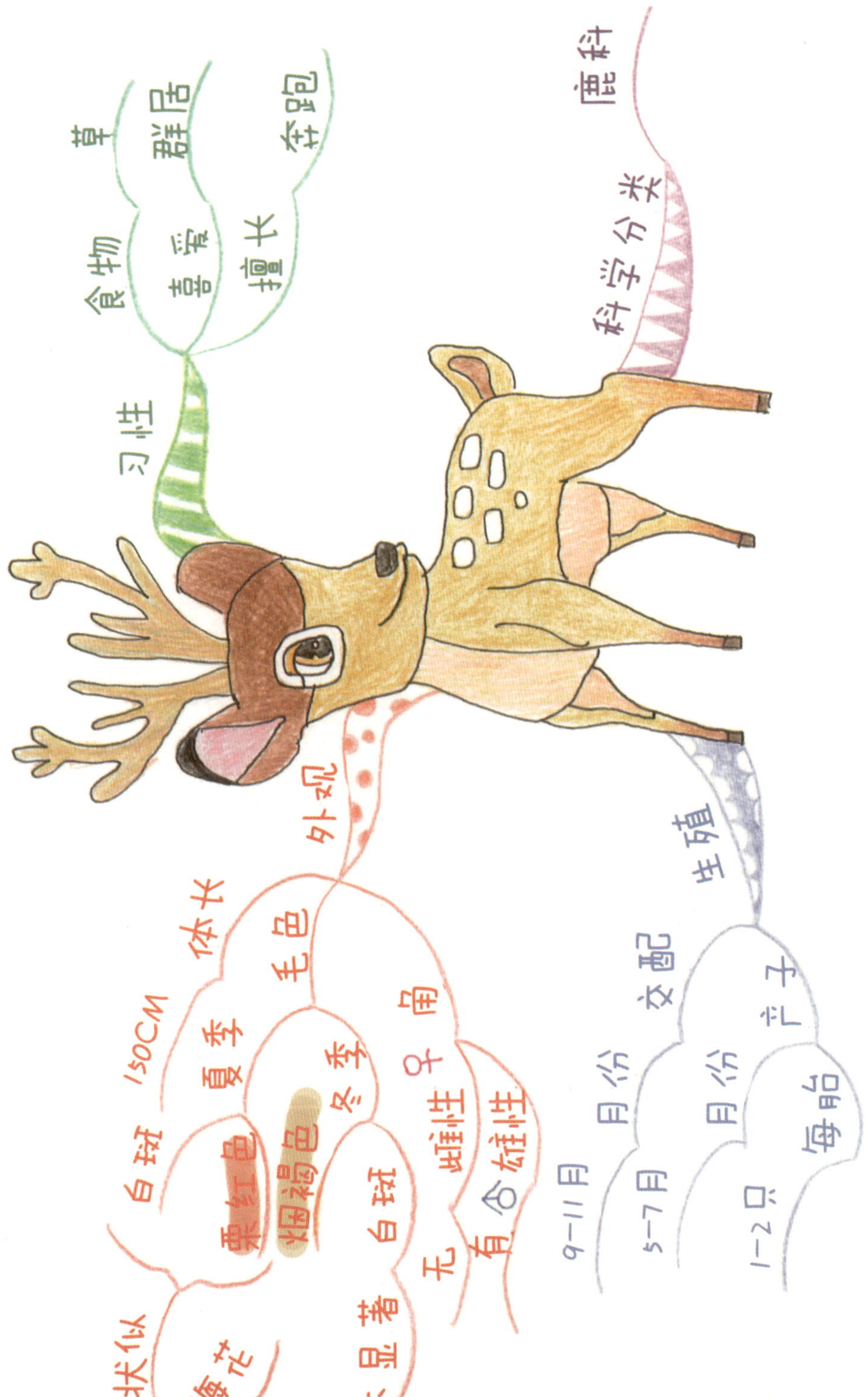
外观
体长
150CM
毛色
夏季
栗红色
白斑
状似
梅花
冬季
烟褐色
白斑
不显著
角
♀ 雌性
无
♂ 雄性
有
习性
食物
草
喜爱
群居
擅长
奔跑
生殖
交配
月份
9–11月
产子
月份
5–7月
每胎
1–2只
科学分类
鹿科

参观北投温泉博物馆

从参观现场所整理的思维导图笔记，我们可以观察到孩子看事情的角度与关心的重点。以下这两张由青少班学员蓝颖谆与朱冠瑜绘制的参观北投温泉博物馆思维导图就是一个很好的例子。

参观同一个博物馆，但我们发现他们关注的焦点不同，蓝同学是从各个国家来切入，并且只记录温泉的特色；而朱同学则是从博物馆展示的文物与简介中记录比较详细的信息。

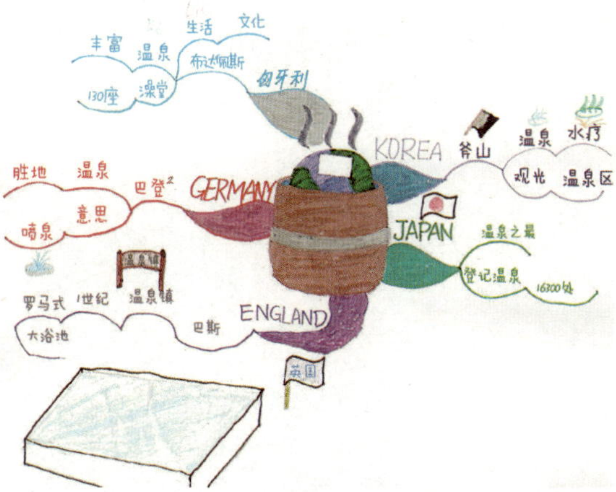

扫描QRcode看大图

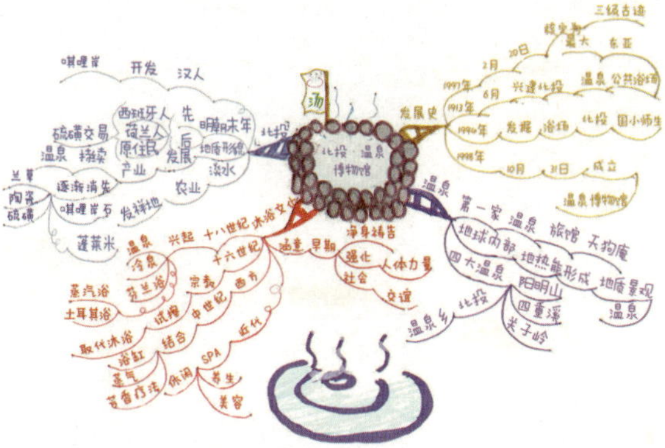

扫描QRcode看大图

PART 3

掌握读书技巧
分科学习有效率

~豁朗期（中学阶段）~

在这个阶段，让孩子看到自己努力就会有结果，将能提高他发展终身学习的意愿。因此，帮助孩子了解有效学习技巧，是重要的关键点。

◆思维导图法在不同科目有不同的应用方式，了解每一个科目的主要学习目标是很重要的。

◆文章笔记说明了如何抓重点，此节将介绍如何结构组织这些重点、并去芜存菁，并借由自己做笔记的历程，将知识纳入自己的知识库。

◆运用思维导图法规划出“怎么做专题”和“怎么写作文”是未来进行项目能力的基础。

◆这个时期有很多的东西需要记忆，学会运用空间记忆、语意和情节记忆，自己发展出可以快速记住的口诀，可以提升孩子学习的兴趣，并且立即感受到学习的成效。

第6章

笔记力 up！快狠准是学习事半功倍的关键

接下来我们进入了运用思维导图法来做学习笔记的整理。一般人对思维导图法的印象大多与做笔记和记忆有关，为什么呢？因为运用思维导图法在学习笔记与记忆这两部分最容易进入，且立即可以看得到相当显著的效果。

运用思维导图法关键词、分类阶层化、图像和颜色四大核心，以及水平、垂直思考两个重要的思考方式，来整理学习的内容，将会使得孩子亲身体验到读书的成就感。

思维导图笔记让学习效果看得见

由于思维导图的画面呈现相当丰富，而且相对于其他笔记方式，通常可以见到更多的学习效果，很多学校老师因此认为思维导图法很简单，有的老师甚至会在未教导过的情况下就要求学生使用思维导图法做笔记。但是这些老师没有想到的是，思维导图法并非只是画出一张有分类、有颜色和图像的图而已，而是必须要能够帮助学生进行理解和记忆。一个方法、一项工具要能发挥效果，很重要的是要知道如何使用。现今我们连买个东西都会先看看使用说明（或操作说明），但是却认为管理复杂大脑的思考工具不用学，只要看一看就可以用，这不是一件很诡异的事吗？

我曾经很纳闷地问过一个小学老师，为什么他会出要孩子做思维导图笔记的作业？他说思维导图可以帮助学生学习啊！问他怎么知道学生会不会画思维导图？他一副理所当然地认为学生应该在低年级就学过怎么画思维导图了。于是在没有做过任何教导的情况下，就规定了运用思维导图法做笔记的作业。

第一要务是学到正确使用方法

从新湖小学陈孟妏老师的硕士论文研究中就发现，思维导图法是一个相当有power的学习、思考工具，但若是没有经过正确的学习是用不出效果的。如果只是画出看起来像思维导图的作业，没有实际感受到学习效果，然后以后就不再使用，对孩子来说相当可惜。

因此如果希望让孩子有一个有效的读书方法与学习工具，就应该仔细地教导孩子如何正确使用它。这也是为什么十年前第一次接触、认识到思维导图法之后，（虽然那时我已经是学校的正式老师）我仍然觉得需要向思维导图法专家学习，而不是自己捕风捉影学一个半吊子的主要原因。因为我希望借由思维导图法可以带女儿走出学习的痛苦，那么就一定要学到正确的使用方法。

做笔记前要先理解课文内容

很多孩子在用思维导图法整理过笔记之后，常常不需要花很多的时间就可以记起来了，为什么会有这样子的效果呢？这是因为要绘制成一张正确的思维导图，必须要选取正确的关键词，然后还要将关键词摆在正确的位置上（同一个位阶放置或是上下位阶放置，必须考虑到这几个关键词彼此的关系，或是与上一阶关键词的从属、因果关系）。而怎么将关键词放在正确的位置上？最重要的就是要理解课文内容。

读书笔记是自己理解后的整理

从过去到现在，只要是学生应该都有做过读书笔记，而制作的方式不外乎课堂上抄写或摘自参考书的重点，鲜少是自己读过课文的整理。但是有效的读书笔记不是用抄的，而应该是自己理解过之后的整理。

抄的笔记或参考书整理好的笔记其实是不容易记忆的，因为这些笔记是由他人制作、他人的逻辑、来自他人的生活经验，是别人用自己独特的方式在理解新的东西，也就是儿童教育专家皮亚杰所说的同化与调适。

在这样的认知重组历程中，必须取自个人的所有经验，而阅读他人的笔记，有时候并不容易理解储存在制作者大脑里的讯息组织历程，自然也就不容易记住了。

用旧经验链接新东西有助理解记忆

比方说我的小孩在四岁时，儿童绘画班的美术老师在教她什么是螺旋时，用了很多的比喻来解释。女儿在听完老师解释后，问老师说是不是跷跷板？

老师一脸狐疑地转头看着我，不明白跷跷板怎么会有螺旋？原来是我家附近公园里的跷跷板座位下面接有弹簧，以减轻孩子上下玩时的冲撞力道。女儿常常去公园玩跷跷板，平时也不曾见她问过我们，但这是她的生活经验，需要时就是用她独特的旧经验来与新东西产生连结，那么就很容易帮助理解和记忆。由此可见，让孩子多接触世界，绝对有助于积累孩子将来学习的数据库，学习也将会轻松许多。

不能深度了解知识，看着别人做好的笔记就只好强记，这样其实很容易遗忘。要能够不遗忘，最重要的就是要先进行理解的动作，理解的基础来自过去自己生活的积累，而不是可以直接用别人的经验。做笔记之前最重要的工作，就是要先理解课文的内容，也就是要先阅读课文再来做笔记。

清楚来龙去脉才能举一反三

有很多学生觉得阅读课文是一件浪费时间的事情，因为他们认为课文里写了很多不是重点的东西，全篇读下来要花很多的时间。但是这些学生们认为不是重点的内容，却是串起重点的催化剂，有了这些内容，才能够清楚地了解课文的脉络。

若单单只是记重点，则会流于片段很难可以举一反三、旁征博引，因此我们的学生常常弄不清来龙去脉，只会考选择题和是非题，若碰到题组型或是申论式的题目，常常会不知如何组织呈现，也无法言之有理、言之有物。

思维导图的学习笔记先从社会科开始

一般来说，如果要学习使用思维导图法来做学习笔记，我会建议从社会科开始。因为相对于其他科目，社会科的课文内容通常结构清楚，文体多属于说明文或讲述事件的记叙文，孩子看完整篇文章之后，可以根据课文给的章节标题缩小阅读的范围，这样比较容易抓到重点。

语文课本是最不容易做的思维导图。为什么呢？原因是语文课文要传达的，除了知识性之外，很重要的是意境情感的表达，而这都不是可以轻易用逻辑结构来表达清楚的，因此要做成以逻辑为基础的思维导图其实相当不容易。

所以先以结构清楚的文章来学习使用思维导图法，熟练了之后，再开始运用在其他领域，会是比较容易让思维导图法在学习上发挥效果的选择。

> 要做好笔记，一定要先阅读课文，对于学习的内容有一个全览的认识，也就是我们所说的“先见林”：然后再针对每一个类别去了解细节，也就是“再见树”。

在上课之前先做好笔记

学校课文的笔记，我建议学生应该在老师教之前，自己先阅读过后就可以做了。

为什么要在老师没教之前就先做？因为在老师还没有讲之前，如果我们要进行理解的动作，必须要从大脑数据库中去搜寻过去的知识经验，然后进行认知的重组。当老师讲过之后，我们再回来做笔记，那时候我们的大脑就会自动搜寻最新的信息，也就是老师教过的内容，这时就变成了记忆，而跳过自行理解的步骤。

学生的笔记不是经过理解，而是搜寻自记忆，甚至是短期记忆，就是因为做笔记的时间点，通常是在老师教过，甚至是老师在教的当下做，那样怎么会有时间进行理解和思考呢？

> 还记得记忆广度5～9组信息的容量吗？如果一个工作台就只能摆这么多，那么最容易搜寻到的信息势必会占住工作台的空间，因此过去储存在长期记忆里的知识就来不及拿出来使用，所以我们的学习常常用到都是靠当下的记忆，而不是与过去积累的知识做整合的理解，这跟何时做笔记其实有很大的关系。

谈到这里，或许很多学生会说老师都没有教过，我怎么知道重点在哪里？而这就牵涉到阅读理解能力的培养，如果在小时候培养阅读习惯时，有理解能力的养成，就会很容易了解到重点在哪里。

平地
地势
平坦
农作物
不同
栽种
季节
依
活动
农业
工业
设立
工厂
商业
经营
商店
服务业
提供
服务
居住
满足
住屋需求
人口
增加
聚集
居民往来
交通
方便
兴建
公路
铁路
货物流通
山区
地势
居住
变化大
坡度小
水源地
环境生态
景观特色
当地
休闲农场
生活
旅游
经营
民宿
放
畜牧
牛
羊
耕种
茶树
果树
河边
地势
平缓
不淹水
食
植物
水产
利用
河水
灌溉农田
养殖水产
生活饮用
海边
防止
人
海风
海浪
防波堤
建有
近海
居住
渔船
捕鱼
渔港
停泊区
自然景观
新的
养殖方法
定置箱网
转型经营
休闲活动

阅读理解能力养成要及时

大家还记得我在前面绘本阅读的篇章说明如何培养抓重点的能力吗？其实我们陪伴孩子阅读，就是希望他们将来有自主学习的能力，因此在阅读时不能只是从头到尾读下来，而是必须要能够培养思考力，用到学校的学习里面就是课文的阅读，然后制作成思维导图笔记。

我的孩子在四年级之前因为课文的内容量不多，往往看过几遍之后就都记住了，所以她其实不太需要做什么笔记。不过这时候我常会用对话的方式，跟孩子讨论与复习课文的内容，有时甚至在跟孩子一起的出行时间中，像是在开车时，就开始跟女儿进行对话。

（如前页图）在我的脑海中其实就有张女儿课本的思维导图，我通常会先从中心主题开始跟孩子互动，会去讨论用什么样的图可以代表整篇课文的意义，然后会问孩子这一课的内容可以分成几个类别？接着继续讨论每一个类别里面有些什么细节？

由于我已经将孩子的课文内容以思维导图法的方式记住了，所以很容易就可以再唤回脑海中运作。像这样的陪伴一直进行到高年级后，女儿的自然科和社会科就都使用思维导图法来做笔记了。

培养孩子主动做读书笔记的习惯

制作思维导图读书笔记的能力当然不是一蹴可就的，除了从小进行四大核心及思考方式的培养之外，也要经过长期的练习，才能让使用思维导图法学习成为习惯。

因此在女儿升上小学四年级时，我也会让她试着用较少的课文内容开始做思维导图笔记，此时我会聚焦在两个重点：一个是提高她做笔记的兴趣，由于课文内容不多，她可以尽情地使用颜色、图像来完成笔记；另一个就是类别，也就是思维导图的主干与中心主题（题目或标题）的关系。

陪孩子练习做思维导图读书笔记

大部分的课文（特别是社会科）结构都非常清楚，通常如果以一章的范围来做思维导图，章名就会是“中心主题”，节名就会是“类别”（主干）的名称。不过，我不会让孩子一边读一边去决定要怎么分类，因为这样很容易打断孩子对课文内容理解的完整性。

我的做法是在孩子阅读之后，请她把课本合上，然后讨论课文的内容。接着问她准备将这些东西分成几个类别？而这就会成为她思维导图笔记里的几个类别（主干）了。

做读书笔记的重点与技巧

首先，协助孩子分类时要注意两点。

- 类别与中心主题的关系是否能够有脉络性。
- 单单阅读中心主题和类别是否能勾勒出课文大意。

如果孩子的分类与课文不一样也没关系，只要能够将重点组织在思维导图里面就可以了，因为这表示他是用自己的逻辑和经验来理解课文内容，这是非常珍贵的，也代表孩子已经对于课本内容有自己的解读，并且与自己的经验产生了连结。

其次，在上课前先做读书笔记，课后随时补充笔记内容。

如果在课前可以做好思维导图笔记，孩子不仅能预先对学习内容有概括的认识，同时可以先知道自己有哪里不懂，上课时老师讲到他不懂的地方，就可以更专注地去学习，甚至提出问题跟老师讨论。

接着在老师教完之后，打开课前做好的思维导图笔记，补上课后的理解，在每一次的考试之后，再从错误中去检查思维导图的笔记的完整性，如果还有遗漏就补上。

所以思维导图法的笔记不是一次就做好的，一次次的学习理解都可以再修改思维导图的内容，以达到自己完全理解的程度。但如果已经写在笔记里却仍然遗忘，就必须使用一些记忆的技巧来帮助记忆，提高学习的效果。

关键词学习：考试的重点在哪里？

分类之前要先圈出关键词（抓重点），而一般性选择关键词的方式，已经在前面章节里说明，这里不再赘述。不过若是针对学习的考试做笔记，特别是不知道如何抓到考试会考的关键词时，最好用的方法就是直接以考题当作关键词。

选择题选项就是现成的关键词

下面这张思维导图“日治时期殖民政策-浮动主题”，就是用考题里选择题的选项作为关键词，然后用思维导图软件先以关键词分散的方式呈现。

有没有注意到，选择题选项其实就是一个个的关键词，只是分散在题目中。接着依据题目所呈现出来的片断脉络，组织相同类别的关键词，形成分布式的小逻辑。这时候如果可以使用思维导图软件帮忙，更可以有事半功倍的效果。

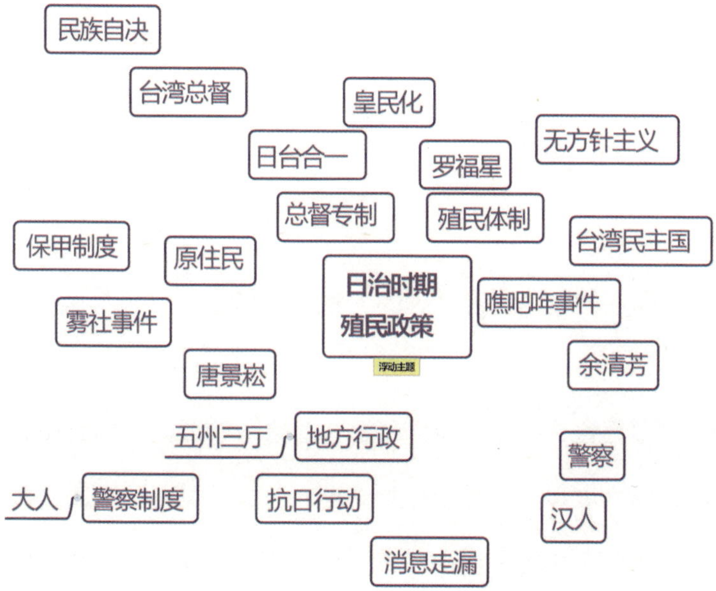

使用软件依脉络来整理关键词

使用思维导图软件方便调整架构，孩子就不会觉得一直要改变逻辑、改来改去很麻烦，在不断修正关键词，决定放在水平或是垂直位置时，也对关键词彼此之间的关系进行了深度思考。这种组织关键词的方式运用在预习时，可以帮助孩子精准地抓住重点。

下页那张思维导图，就是在选取关键词之后，依照自己对这些关键词的了解，以及从题目中找到的脉络先行排列出来的。接下来只要再依课文脉络补充整理关键词，就能完成课文的笔记整理了。

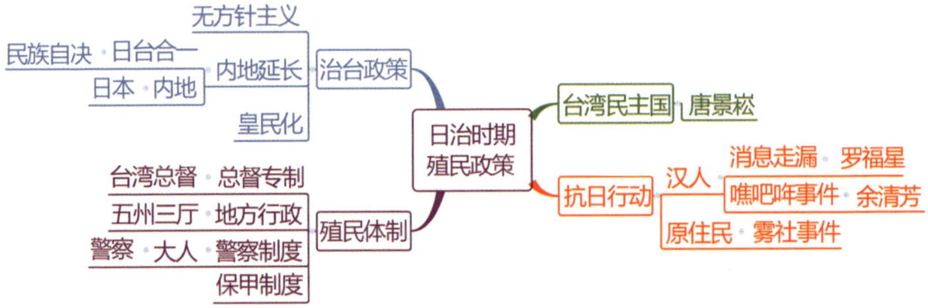

小学到中学由浅入深的螺旋式学习

从中小学课程设计纲要中可以了解，社会科的课程规划旨在培养学生从自小居处的台湾为立足点，然后放眼中国、亚洲和世界。因此，在课程的安排上就是以“台湾－中国－亚洲－世界”循序渐进地展开，并且分为不同发展阶段，由浅入深进行螺旋式学习。

第一阶段为小学一～二年级，第二阶段为小学三～四年级，第三阶段为小学五～六年级，第四阶段为初中一～三年级，分阶段的意义在于提示配合发展与学习的适当阶段，相应的教材可以在每一个阶段适当地回旋加深或复习。

而从儿童发展与儿童实际生活的观点来看，小学中低年级阶段着重在与儿童生活直接相关的部分，让儿童可利用具体化的教材学习。到了高年级阶段以上，才会开始透过时空进行较为需要运用想象思考方式的学习。例如历史科基本内容设计以区域为课程组织的核心，从五年级开始探讨台湾地区、大陆和世界等不同区域，在古代、近代和现代等不同时间脉络中的人群所形成的政治体制、社会制度和文化风貌，并以人类社会及全球环境的永续发展为学习主轴。

因此，若以思维导图法“见林且见树”的概念来学习社会领域里的历史科，除了每一章节的思维导图笔记之外，我们还必须要能够掌握整个历史科的课程安排是以“台湾地区－中国－亚洲－世界”的脉络来进行。比较下面这张小学高年级阶段与下页初中三年级的历史课程组织思维导图，可以明显发现课程的安排是以螺旋式的方式，在不同阶段透过重复学习而加强认知，做到按层次循序渐进。

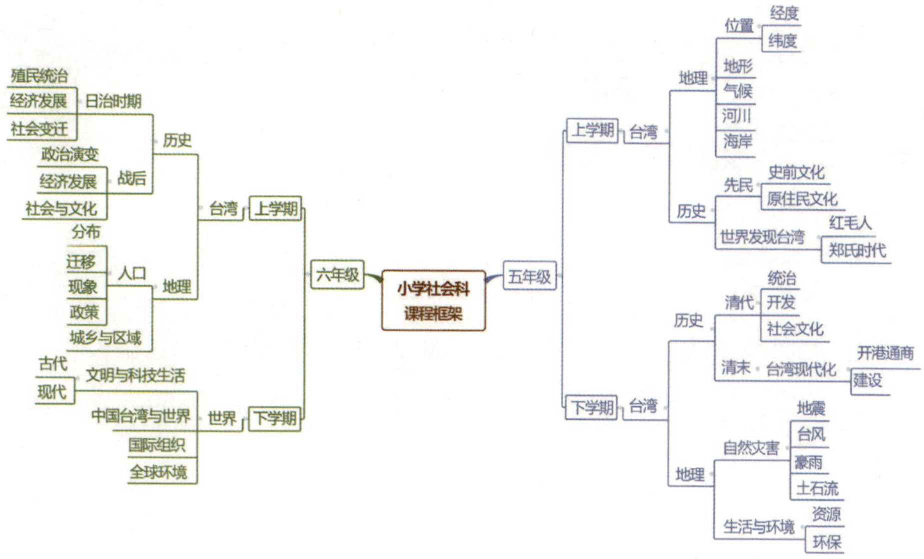

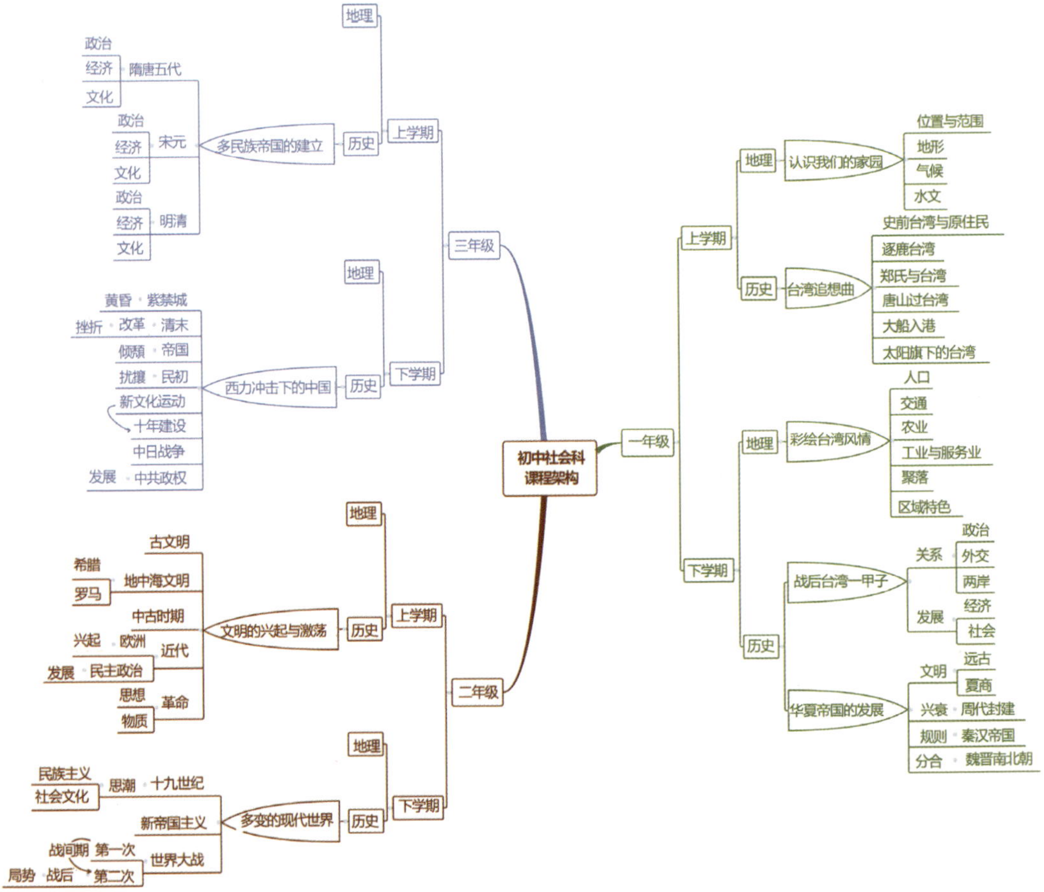

我们可以带着孩子在每一阶段完成课程架构的思维导图。这就像是一张学习地图一般，孩子看了地图以后，知道自己在学习的哪个位置，然后知道自己过去学过什么，未来即将做什么样的学习，就容易帮助自己整合这些学习内容。

运用迷你思维导图做知识管理

课程架构的思维导图就像是世界地图一般，孩子在先了解整个地球的大致面貌之后，再详细地往下了解每一洲、每一个国家的知识，但这些知识在每一个层级都包含相当多的信息，因此我们可以将之分成很多张思维导图，以便知识管理。这其实应用到了思维导图法中迷你思维导图（Mini Mind Map）的概念。

思维导图笔记层次分明、收放自如、功能强大

整理思维导图读书笔记的时候，如果课文很长、内容很丰富，把这么多的东西都塞在一张思维导里，不但记忆的效果不佳，也会影响对内容的理解。碰到这种情形，可以先整理出一张这篇文章大致提到哪几个议题的思维导图笔记，我们称之为主架构思维导图（Master Mind Map），接着从里面每一个议题分别整理出许多张内容较详细的迷你思维导图，跟原来的主架构思维导图做超链接。

例如102页“日治时期殖民政策”那张思维导图，就是103页“小学社会科课程架构”当中，六年级－上学期－台湾－历史－日治时期－“殖民统治”的迷你思维导图，也是104页“初中社会科课程架构”中，一年级－上学期－历史－台湾追想曲－“太阳旗下的台湾”的迷你思维导图。

这是从理解运作与记忆的观点来看，因为大脑工作记忆的量有限，把要记得的东西做好分类，进行知识管理，才不会遗忘。

以初中历史科的日治时期一章为例，我们可以了解在日治时期殖民政策

的详细内容，也可以往上一层了解，这其实是属于台湾近代的历史，这段历史是从清朝统治台湾之后，台湾正式成为清朝的一省开始的，接下来台湾的历史发生了很大变化，因为《马关条约》清朝把台湾割让给日本，影响到台湾接下来的历史发展。

像这样既可以将时间的脉络交代清楚，又同时能够将该时间点上所发生的事件做详细说明，就是思维导图笔记强大功能的展现，而这完全是依着人类大脑储存记忆、理解知识的本能发展出来的。

甚至如果我们将地理和历史的课程架构一起比较，也可以发现这两个科目安排顺序是一致的，因为地理其实就是从位置、地形、气候、河川等来说明一块土地的条件；而记录人们在这样的条件影响之下，会发展出什么不同形式的生活方式，就是历史。孩子们如果是用这样的逻辑思维进行学习，将是以4D的眼光在看人类在地球上的发展，更能培养孩子的地球观。

当孩子能够从这样子的高度看待自己的学习时，他就能理解到在每一阶段的学习都是积累的。从小学部分的思维导图进到初中的学习内容，他会发现，原来初中要教的东西在他小学的时候都已经接触过，甚至结构也都一样，所以他可以很容易的站在过去学习的基础之上，再将初中新的知识纳进来。

而这不就是运用了皮亚杰认知发展中的同化概念吗？是不是就可以让学习变得容易许多？有着这样的学习基础，孩子们就可以放眼未来，对学习就可以有梦想。同时，如果已经开始运用计算机的思维导图软件来完成笔记，小学高年级的笔记甚至可以直接修改成初中的笔记。让孩子具体地看到自己学习的成果，不仅能够激发孩子学习的动机，更能增加孩子对于学习的掌控感。

接下来介绍关于思维导图法怎么应用在社会科、数学科以及语文课文的学习。

笔记①：思维导图法运用在社会科的学习

社会科包括了历史、地理等科目，我们以小学的一篇《刘铭传的建设》课文为例，为大家说明如何应用思维导图法学习社会科。

光绪十年（1884），法国侵扰澎湖与台湾北部，清廷派刘铭传来台湾负责守卫，阻止法国的攻势。战争结束后，台湾的地位更显重要。光绪十一年（1885），清廷将台湾改设为行省，任命刘铭传为第一任巡抚，积极推动各项建设。

刘铭传首先调整行政区以加强统治，并积极清查土地，增加赋税收入。又在基隆到新竹之间修建铁路，发展交通；铺设电报线、开办邮政，加强各地的联络；并且创办新式学校，以培育人才。

经过沈葆桢、刘铭传等人的积极建设，加上西方文化的持续传入，使台湾逐渐迈向现代化，成为当时清朝统治下最进步的地区之一。

【注解/图说】①刘铭传（1836—1896）。②台湾布政使司衙门，是清代建省以后最高的行政机关（原址位于今台北市中山堂，目前存留下来的建筑，现在已移到台北市植物园内）。③清代后期台湾省行政区图。④西屿炮台是刘铭传为巩固澎湖海域，所建的防卫工事（澎湖县西屿乡）。⑤腾云号是台湾第一个蒸汽火车头，现保存于二二八和平公园内（台北市中正区）⑥法军侵台时，二沙湾炮台是防守鸡笼（基隆）港的重要据点。入口处题有“海门天险”四字，是因其控制北台湾门户，地形险要（基隆市中正区）。⑦位于台北到基隆间的狮球岭隧道，是清代修建铁路时所开凿，现为市定古迹（基隆市安乐区）。⑧台北初设电灯示意图。

在读完课文内容后，了解这是在说明刘铭传来到台湾做了哪些事情及影响之后，就要从课文中的自然段去归纳出有哪几个意义段（课文中可区分成几大类），也就是说，我们可以将课文内容分成刘铭传来台湾的原因、他的重要任务是台湾设省，接下来是他对台湾做了哪些贡献，然后是对台湾的影响。以这样的分类方式，这篇课文内容共分成四大类别：

分好类别之后，接着针对每一个类别再进行理解与信息分类。社会科通常人、事、时、地、物会是重点，因此在“原因”的部分我们就选取了在什么时候发生？发生了什么事？然后针对这个已发生的事件做了什么样的响应？就成了原因类别中的细节。

在选取关键词时，到底写多少个才是刚好？如果是为了考试做准备，考试会考的内容通常就要写进去。而在安排关键词位置的时候，可以从中心主题一直念下来，如果能够通顺理解，就表示那是适合的选法；如果觉得怪怪的，意思不太能够串起来，就是关键词写得太少；如果其中一个关键词遮起来，并不影响前后关键词意思的连贯，以及自己对课文内容的理解，就可以省略掉这个关键词，以精简重点。

所以在原因的分支，只写出几个简洁的关键词，相信大家也都能从思维导图当中理解到为什么刘铭传要来台湾建设。

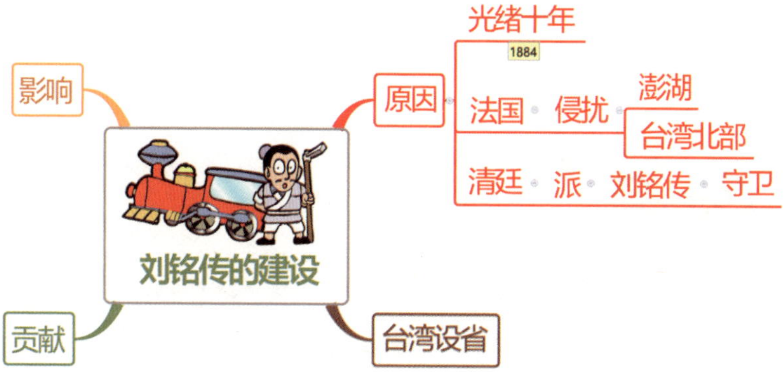

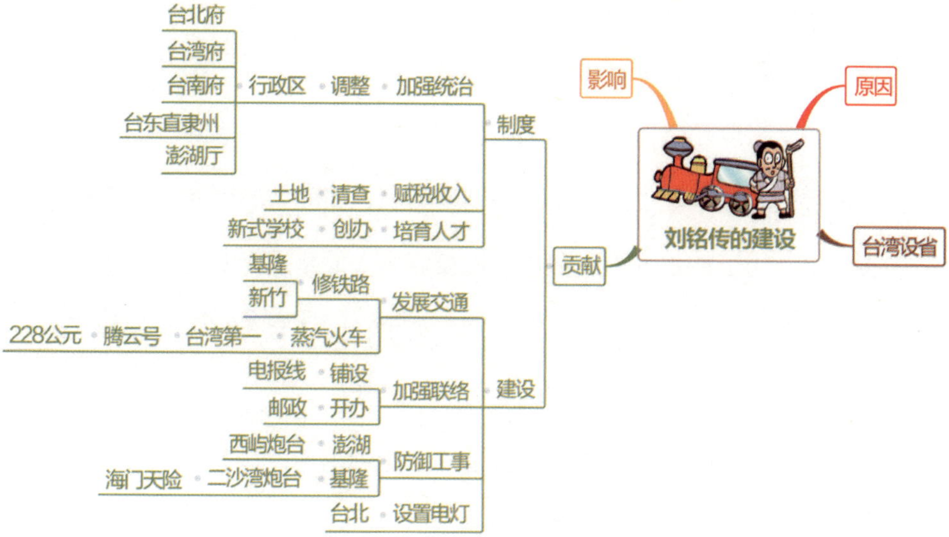

接着在“台湾设省”的部分，同样也是选用了时间以及谁做了什么事作为重点的分类。通常我们在表示历史的时间时，会把过去时代年和公元年放在一起，代表是同一个时间点，所以可以放在同一位阶。

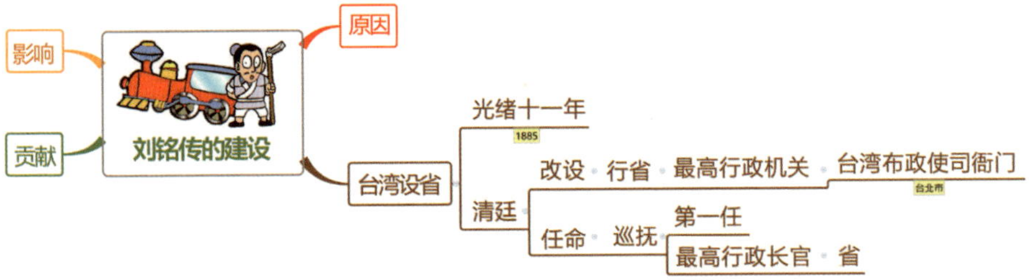

在“贡献”的部分，重点分散在课文里，并没有完全整理在一起，当整理完后，会发现刘铭传在台湾的贡献超过了5项，因此我们最好要进行分类，不然在记忆上可能会有困难。

进行分类之前，在理解每一个项目之后，发现“贡献”部分可以拉出两个分支，一个是刘铭传做了一些制度上的规定，另一个是实际上的建设，因此在上页那张思维导图上把规定归为制度类别，实际做的事就归类在建设。

接下来，由于加强统治、赋税收入及培育人才是属于制度的三个部分，所以放在“制度”下面，做成三个类别的关系，而调整行政区与加强统治是垂直型关系，用这样的方式来构成课文重点的架构。

此外，课文里的信息有些会在旁边的批注中出现，这时候就必须按照信息类别的归属，把它归纳进思维导图的笔记里，如此一来，就可以像下页这

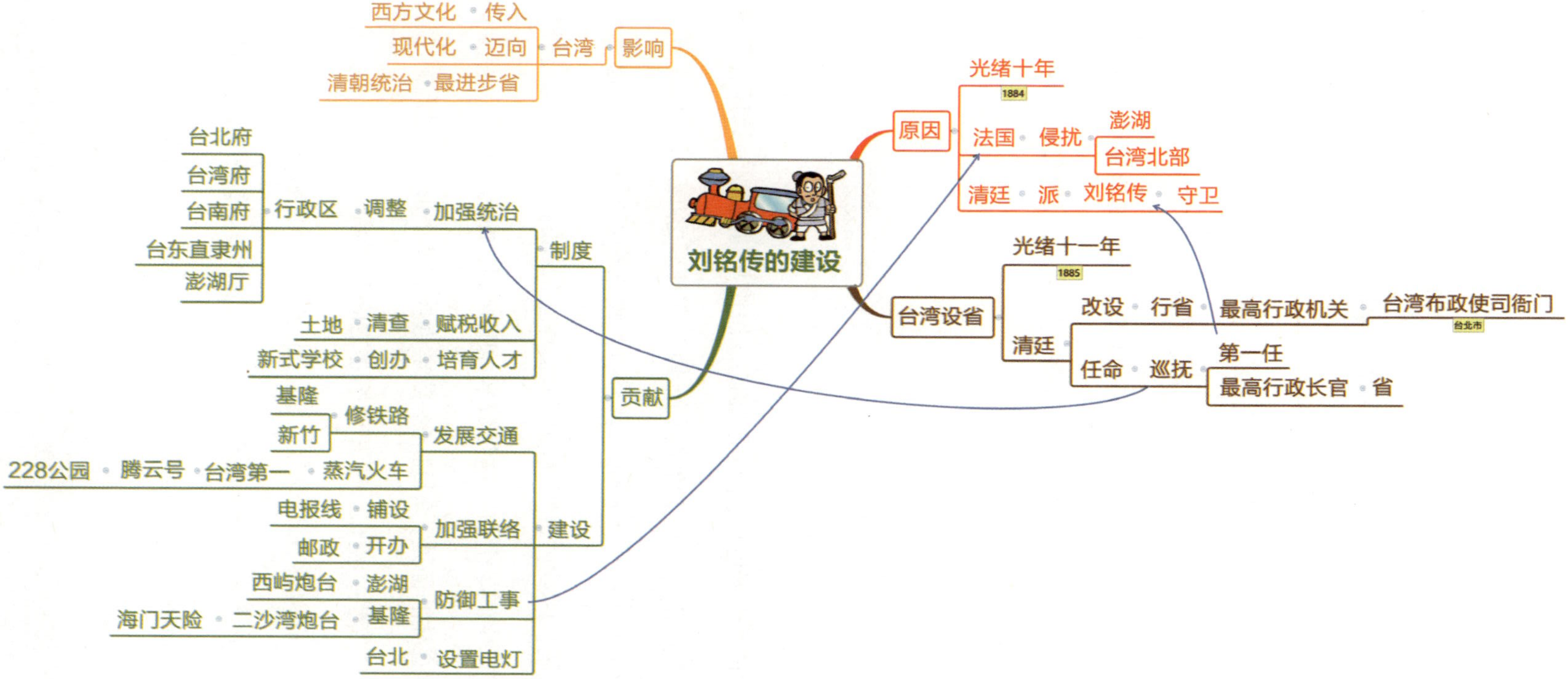
刘铭传的建设
原因
光绪十年
1884
法国
侵扰
澎湖
台湾北部
清廷
派
刘铭传
守卫
台湾设省
光绪十一年
1885
清廷
改设
行省
最高行政机关
台湾布政使司衙门
台北市
任命
巡抚
第一任
最高行政长官
省
影响
台湾
西方文化
传入
现代化
迈向
清朝统治
最进步省
贡献
制度
加强统治
调整
行政区
台北府
台湾府
台南府
台东直隶州
澎湖厅
赋税收入
清查
土地
培育人才
创办
新式学校
建设
发展交通
修铁路
基隆
新竹
蒸汽火车
台湾第一
腾云号
228公园
加强联络
铺设
电报线
开办
邮政
防御工事
澎湖
西屿炮台
基隆
二沙湾炮台
海门天险
设置电灯
台北

张《刘铭传的建设》思维导图，把同一类别的信息一起整理，并且画出关连线，说明彼此的关系，对于课文的理解和记忆就会比较完整，而不会被切成一个个的片断。

在完成对课文内容重点整理之后，加上关连线来显示不同类别关键词之间重要的关联性。像为什么刘铭传做的建设大多集中在北部？为什么会在基隆和澎湖两个地方建设炮台？这其实就会跟之前刘铭传要来台湾的原因有关，所以加上关连线就可以帮助学生了解课文上没有直接写出来、必须推论理解后才会知道的讯息。

笔记②：思维导图法运用在数学科的学习

数学课程架构的安排也是如此。思维导图法如何运用在数学上的学习呢？其实数学的学习包含理解和计算，在计算之前，必须要先理解。数学一直是让很多学生感到困扰的一科，他们常常会觉得似乎走到数学的迷宫里，摸不着头绪，因此思维导图法可以发挥它最棒的功能，也就是成为一张数学地图。当学生们手上有了这张数学地图之后，跟着地图走，就会知道他现在是在数学森林的何处，知道这个数学森林的整个形状，也能够知道森林里每一棵树木的特性，更进一步知道树木之间的关系。

当孩子们以这样的概念在学习数学时，数学就不再是一个个独立的主体，而是彼此间有连贯的概念存在，学习时可以有撷取旧经验学习新经验的机会，老师和家长也可以在这样的数学思维导图概念下，了解孩子面对的困

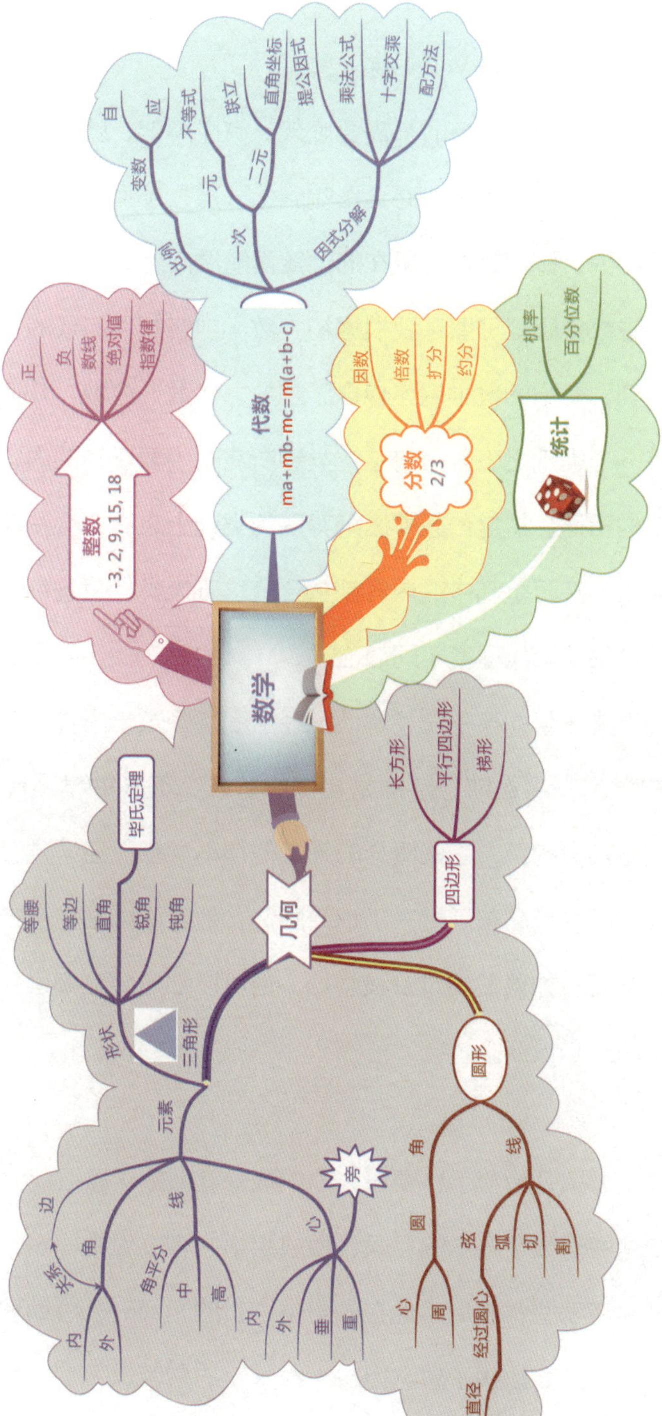

数学
整数
-3, 2, 9, 15, 18
正
负
数线
绝对值
指数律
代数
ma+mb-mc=m(a+b-c)
比例
变数
自
应
一次
一元
不等式
二元
联立
直角坐标
因式分解
提公因式
乘法公式
十字交乘
配方法
分数
2/3
因数
倍数
扩分
约分
统计
机率
百分位数
几何
毕氏定理
三角形
形状
等腰
等边
直角
锐角
钝角
元素
边
角
内
外
长条
线
角平分
中
高
心
旁
内
外
垂
重
四边形
长方形
平行四边形
梯形
圆形
角
圆
心
周
弦
经过圆心
直径
线
弧
切
割

难在哪里，然后退一步再学习熟练一些。

就像是盖房子要往上搭时都需要鹰架，有了鹰架，就可以一层一层往上盖，如果哪一层不够稳固，势必会影响到上一层，那么就一定要回头检查前一层是否够稳固，接下来针对所在的位置再解决问题。

前页这张数学思维导图是我根据初中数学内容制作而成的，从思维导图中可以了解到，初中的数学内容包含了整数、代数、分数、几何和统计这五个类别，每一个类别之下分别有这个类别所在初中要学习的内容，其实与历史科课程架构相似。从这张数学思维导图的类别上来看，会发现不管是小学内容或是初中，甚至是高中的内容都包含有这五大类，只是每一类别里面的内容在不同阶段的深浅程度不同而已。

所以如果能够帮助孩子先了解他已经学了哪些数学内容，孩子们比较容易跟过去的学习产生连结。特别是在初中阶段，很多的学生都认为数学很难。其实他不知道的是，这些概念的基础他在小学都已经学过了。

若是我们可以唤起孩子过去学习的回忆，他就可以站在过去学到的经验上，再往上学习；如果发现过去没学好，也可以知道要在哪里补强，而不会因此对数学产生恐惧症。

那么要从哪里开始着手？要怎么陪伴孩子克服数学恐惧症？

第一步是阅读数学课本的目录，做成数学内容的思维导图，帮助孩子了解过去已经学了哪些？然后当他在做更进一步的学习时，协助孩子对过去的经验产生连结，不要让孩子总觉得数学都是新的东西。

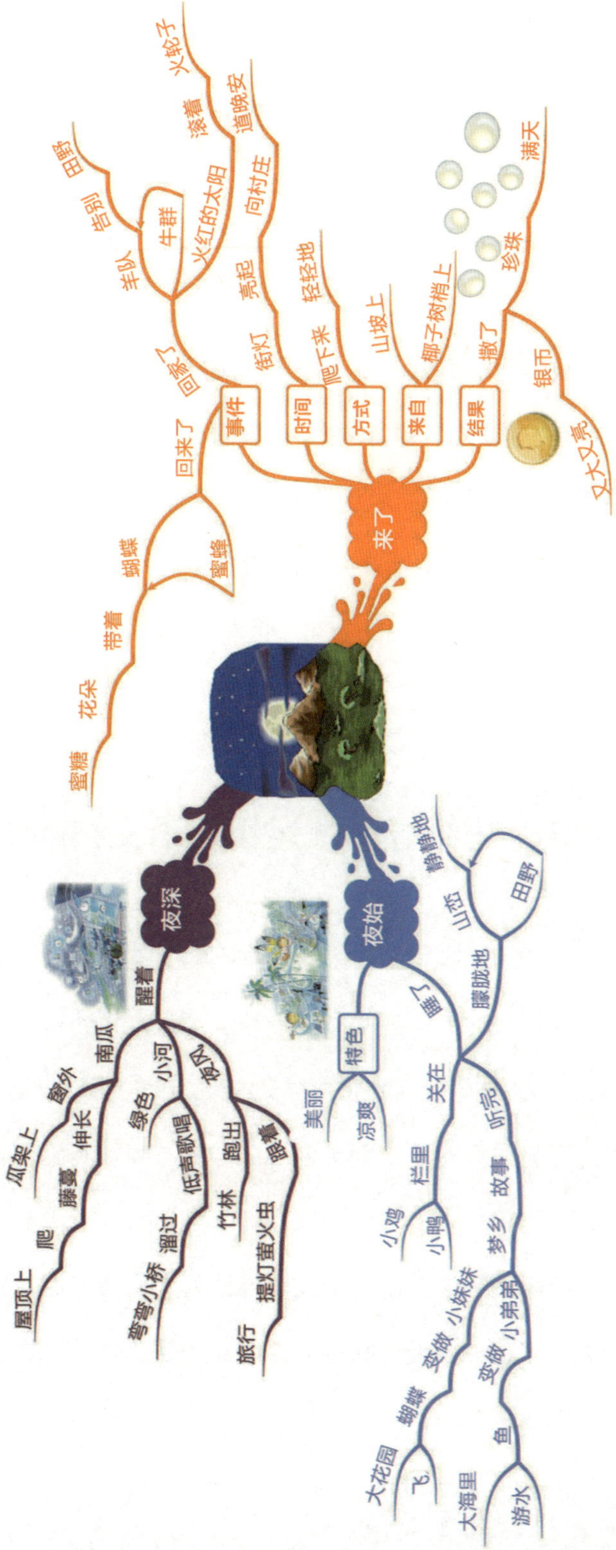

来了
事件
回来了
蜜蜂
蝴蝶
带着
花朵
蜜糖
回家了
牛群
羊队
告别
田野
火红的太阳
滚着
火轮子
时间
街灯
亮起
向村庄
道晚安
方式
爬下来
轻轻地
来自
山坡上
椰子树梢上
结果
撒了
珍珠
满天
银币
又大又亮
夜深
醒着
南瓜
窗外
伸长
藤蔓
瓜架上
爬
屋顶上
小河
绿色
低声歌唱
溜过
弯弯小桥
夜风
跑出
竹林
跟着
提灯萤火虫
旅行
夜始
特色
美丽
凉爽
睡了
山峦
静静地
田野
朦胧地
关在
栏里
小鸡
小鸭
听完
故事
梦乡
小妹妹
变做
蝴蝶
飞
大花园
小弟弟
变做
鱼
游水
大海里

我会建议父母或老师在陪伴孩子完成数学内容的思维导图之后，可以把他在每个单元所学到的公式写在思维导图后面，这样一来不仅可以复习到公式，同时也可以发现公式之间彼此可能出现的关系。

比方说在“几何”的部分，以三角形为基础，四边形其实就是两个三角形，圆形切开就是三角形加弓形，那么在算面积或是边长时，就可依此观念去切割图形，不需要去记特别形状的公式，而是可以自己推演出计算的方法，这样的学习才是思考力训练的学习。其实数学最强调的就是思考力，而非计算能力，计算可以用计算机代劳，而人脑必须要学会根据线索进行推理，找到答案。

笔记③：思维导图法运用在语文科的学习

前面提到过要使用思维导图法来作为学习语文的工具，除了文章本身要传达出来的知识性意义之外，还必须要能够注意到文章希望带给读者的意境和感受。因为语文科学习包括欣赏文学的能力和教会孩子欣赏到作者的内心，就要能够与作者进行对话，而学会思维导图法就能听到作者没有说出来的话。

一张语文思维导图笔记的中心主题，当然就是文章的题目，接下来类别的选择就相当关键了，如果能够掌握到作者真正想表达的意思，那么分类与中心主题所产生的脉络关系，就能够带给孩子意境与感受了。

以下就以曾经与南一出版社合作出版初中语文教学思维导图其中一篇《夏夜》为例，作为思维导图法在语文学习上应用的例子。

杨唤这首新诗《夏夜》，主要是以时间轴（夏夜的来临、夏夜刚开始、夜深时）将整个夏夜贯穿起来，借由每一个时段出现的角色，表现出夏夜在不同时段所呈现出的丰富气氛。

115页是整首诗文完成的思维导图，中心主题是代表夏夜的图像，以夏夜“来了”、“夜始”、“夜深”作为主要的类别命名。采取掌握大方向的方式勾勒出整篇文章的轮廓，如下图。

接下来在每一主类别下，分别将代表该时段的角色整理出来，以呈现每一段丰富的内容。

第一类别：来了

（原文）

蝴蝶和蜜蜂们带着花朵的蜜糖回来了，

羊队和牛群告别了田野回家了，

火红的太阳也滚着火轮子回家了，

当街灯亮起来向村庄道过晚安，

夏天的夜就轻轻地来了。

来了！来了！

从山坡上轻轻地爬下来了。

来了！来了！

从椰子树梢轻轻地爬下来了。

撒了满天的珍珠和一枚又大又亮的银币。

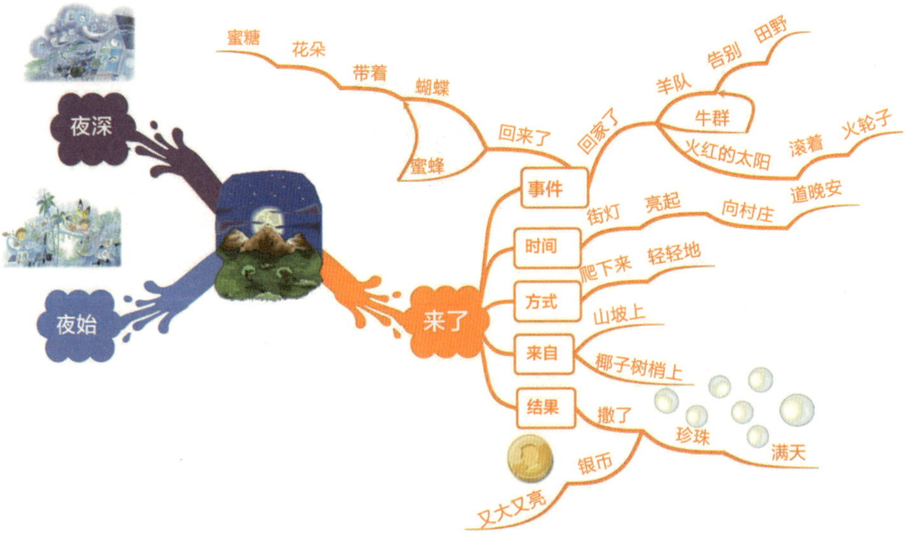

思维导图的笔记着重在分类阶层化的整理，因此第一类别的内容描述是夏夜“来了”，根据思维导图法同一位阶同一逻辑的概念，分为事件、时间、方式、来自、结果五个中类别。

再将“事件”分为回来了、回家了两个小类别，依照原文的写法将蝴蝶、蜜蜂、羊队、牛群、太阳等角色，分别归类在“回来了”和“回家了”两个小类别之下，并且在每一个角色后面，对该角色的动作做一些描述。

然后再继续将另外四个中类别的相关信息分别归类到每一个对应的小类别之下。

第二类别：夜始

（原文）

美丽的夏夜呀！

凉爽的夏夜呀！

小鸡和小鸭们关在栏里睡了。

听完了老祖母的故事，

小弟弟和小妹妹也合上眼睛走向梦乡了。

（小妹妹梦见她变成蝴蝶在大花园里忽东忽西地飞，

小弟弟梦见他变作一条鱼在蓝色的大海里游水。）

睡了，都睡了，

朦胧地，山峦静静地睡了！

朦胧地，田野静静地睡了！

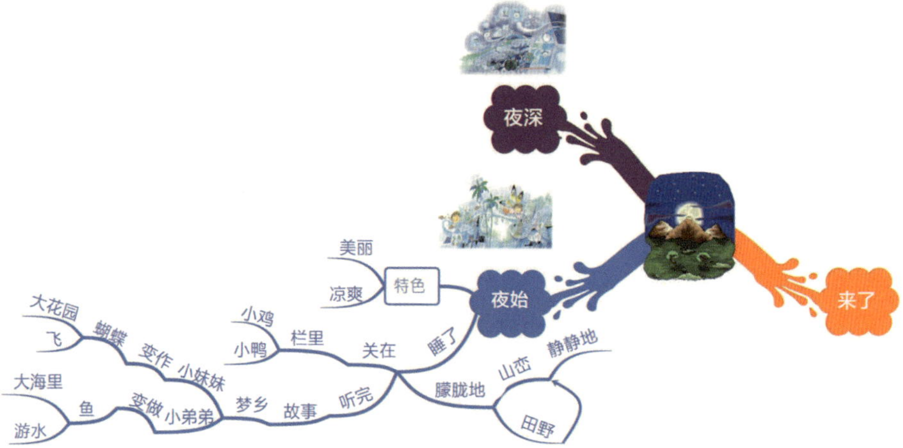

第二类别主要在描写夏夜刚开始时，除了夏夜世界的美丽、凉爽之外，也借由原本相当好动的几个角色渐渐睡了，将夏夜从热闹带入静谧的气氛中。因此在这个类别又分成两支，一支形容夏夜的特色，另一支以思维导图法中水平思考的方式将此阶段的角色分类，再用垂直思考的方式推演写出分类后各个角色的动作。

第三类别：夜深

（原文）

只有窗外瓜架上的南瓜还醒着，

伸长了藤蔓轻轻地往屋顶上爬。

只有绿色的小河还醒着，

低声地歌唱着溜过弯弯的小桥。

只有夜风还醒着，

从竹林里跑出来，

跟着提灯的萤火虫，

在美丽的夏夜里愉快地旅行。

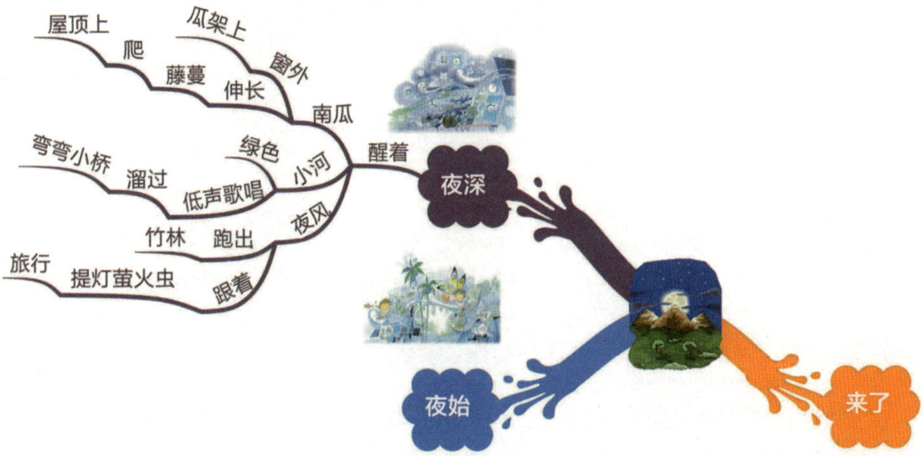

第三类别的时间来到了深夜，大部分的角色都已经睡了，但其实夏夜仍然相当活泼，所以运用南瓜、小河和夜风的动作来呈现出动态的深夜。

在这支类别后面的三个角色同一个动作都是“醒着”，因此以醒着当第一个中类别，三个角色南瓜、小河、夜风分别是下一阶小类别，每一个小类别之后再以垂直思考方式对该角色的动作进行形容及描述。

由于语文课文强调意境与感受的传达，运用色彩将心里对信息的感受表达出来，可以使孩子在接触学习内容时，浸润在该信息所欲表达的感觉中，有助于提升学习效果。因此颜色与图像的使用相较于其他科目就重要许多。

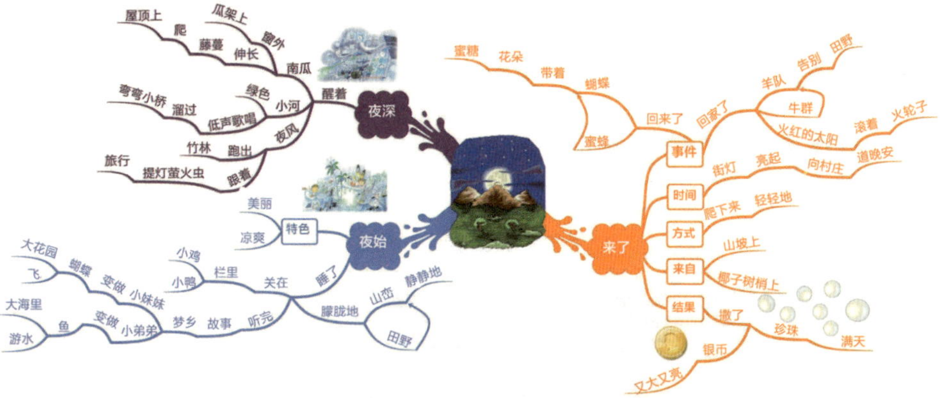

在颜色的使用上，第一类别：来了，因为接近黄昏，选用橘黄色作为主干的颜色；第二类别：夜始，因为描述夜才刚开始，以宝蓝色来代表；第三类别：夜深，因为是深夜，所以采用深紫色表示。

思维导图选用的颜色大多是参考爱德华·德博诺（Edward de Bono）所著《六顶思考帽》和《六双行动鞋》两本书中对颜色的诠释。图像主要目的是增加记忆，因此在课文里如果要用到图像，我多会选择取用课本里原来的图像，以便让孩子可以直接将课本内容与思维导图产生连结。

练习整理思维导图笔记

好，到这里已经看过好几个范例了，现在请你带着孩子，练习将《台湾碧海水力发电厂》这篇文章整理成思维导图笔记吧！

台湾碧海水力发电厂

台湾东部地区长期以来自产电力严重供应不足，必须依赖核三厂与日月潭水力发电厂等其他地区电厂的支持。为了配合政府产业东移的政策，以及提升供电质量，减少从其他地区输送电力产生的损失，故台电公司经行政院核定兴建碧海水力发电工程计划。

碧海水力发电厂兴建地点位于花莲县秀林乡与宜兰县南澳乡交界处的和平溪中、上游。于1996年开始动工兴建，2011年完工开始营运，总建造费用约新台币165亿元（约35亿人民币）。由于电厂工区位于未经开发、人迹罕至的深山中，没有道路前往勘查坝区，以及运送兴建所需的大型机具与材料，在施工上具有相当大的难度，台湾电力公司因此引进了重型直升机吊挂大型机具的技术进行协助施工，为台湾大型工程的首例。

在设施方面，碧海水力发电厂的蓄水量为100万立方米，水坝闸门高度有三层楼高，宽度有三个车道那么宽，发电涡轮机的有效水头416.8米，发电方式采调整池式，时间从上午10点到下午4点的用电高峰期，每年总发电量有2亿3千7百万度，可供应6万5千户一年的用电。

〔解答请参考本书附录②〕

第7章

研究力 up！专题报告 发掘&解决问题不求人

从培养孩子的能力来说，能够将课本的知识与生活中的经验进行整合，再创造出新的知识，这种能力比死记硬背来得重要。资优教育学者蔡典谟认为，社会大众经常在接受信息、运用知识，习惯做一个知识的消费者，但人类文明要继续进步，知识必须不断创新，因此社会应鼓励知识的生产，学校要重视知识生产者的培育。而自从多元入学管道开放后，独立研究能力也被纳为考评学生能力的一种方式。

培养孩子独立解决问题的能力

为了培养具有独立研究能力的孩子，必须要先让孩子拥有研究型学习的技能，其实也就是一种问题解决的能力。研究性的学习是指孩子在成人的指导下，能够自己搜集、分析并选择信息数据，应用知识，去解决实际问题的一种学习方式。

在台湾的学生，大多是接受式的学习，较少能够在学习中进行自主的思考。而当孩子能够进行研究型学习后，就能够继续进行独立研究。

“独立研究课程”是一种从实践中产生和发展新知的学习方式，是孩子具有独自研究能力时，就可以依照自己的兴趣，挑选主题，制定研究计划，选择适当的研究方法，有效地搜集数据、分析与解释数据，进而形成研究结果的能力。

独立学习、独立研究已经普遍被列为教育基本能力之一。要培养孩子进行研究型学习，首先应以孩子的兴趣、需要、能力为考虑。这样的学习其实在不同的年龄阶段都可以进行，只是必须依照孩子的认知发展，提供必要的协助。

循序渐进，从习惯提问开始

刚开始孩子当然不可能立刻上手，自动进行研究型的思考，而是必须循序渐进地养成，对于生活中所看到的现象，要引导他养成提出疑问的习惯。这就是在前述阅读与文章笔记所希望的运用思维导图法来培养深度理解思考的能力。

思维导图法的思考方式可以帮助孩子看到问题背后的问题，进而引发自己去探索相关领域知识的兴趣。文艺复兴时期达·芬奇被誉为“天才中的天才”，就是因为他喜欢从生活当中去观察万事万物的各种现象，并找出它们的原因或脉络。

因此，初期家长们最好可以在一旁协助孩子对有兴趣的题目进行更深入的思考，而思维导图法的水平式思考及垂直式思考就可以帮助孩子在这种思考形式中进行多方面的探索。

陪伴孩子借由网络看到更大的世界

首先，在孩子年纪较小时，可以从搜集整理资料开始进行。现在网络发达，陪伴孩子正确使用网络来帮助自己学习，让孩子可以借由网络看到更大的世界，激发更多的想象空间。然后从搜集到的资料进行整理，发展出自己要去具体尝试的计划，决定要用什么样的工具帮助自己从这样的活动中获得知识，最后在进行实际体验后，能够整合所有的过程及习得的知识，进行知识管理。如此一来，就能将这些经验纳入孩子自己的基模，成为未来学习的基础，进而培养出问题解决的能力。

亲子一起做暑期小专题探索作业

我的女儿就读的小学是一所小而美的学校，色彩丰富的两层楼校舍在台北市并不常见，孩子在这里读书少了很多压迫感。学校里的老师也都具备教育的专业能力，所规划的各种学习活动都能够依着孩子的兴趣融入日常生活中，逐渐地在六年学习过程培养出目标性的能力。

从女儿三年级开始，在寒暑假就有一份小专题的探索作业，因为父母通常在孩子放长假时，能够做长时间的陪伴，孩子也少了明天就要交作业的压力，所以亲子可以一起选择一个有兴趣的主题进行深度探讨。

我的孩子一直很喜欢参观博物馆，特别是海洋博物馆，里面各式各样的鱼生态，常常让她流连忘返。台湾屏东有一个具有世界规模的海洋生物博物馆，在她三年级的夏天，我们决定要一访国际级的海生馆，并且要首度体验夜宿海生馆。

之前我就听说要夜宿海生馆非常不容易订到，特别是在暑假期间是个大旺季，通常必须要在一开放预订时就立刻下手，不然的话好时段就会被秒杀一空。

于是我和女儿上网查了其他人的经验分享，了解到必须在四月左右就随时注意海生馆所公布出来的信息，以便能够实时报名。非常幸运地，我们在一开订就选到了想要的位置，接下来我和女儿就开始计划怎么进行这一次的探索活动。

上官网查询数据，依孩子兴趣做分类

首先我先让孩子上海生馆网站去了解我们即将住宿的海底隧道里面到底有哪些生物？她发现有非常多的海洋生物，于是从思维导图法的分类概念，我们就将里面她有兴趣的海洋生物分成“鱼类”和“珊瑚类”；而在非常多的鱼类中，我们从孩子怎么看这些海洋生物的观点，继续分成“可爱类”跟“凶猛类”，以及比较常见的鱼类。（可对照看下页的完成版简报思维导图。）

这时候的分类尽量以孩子的眼光来进行，以便孩子在接受新知的过程中，顺利纳入自己原有的经验。我们挑出的几个海洋生物大部分都是女儿曾经在《海底总动员》这部电影里面看过的，所以她对于去海洋生物博物馆实

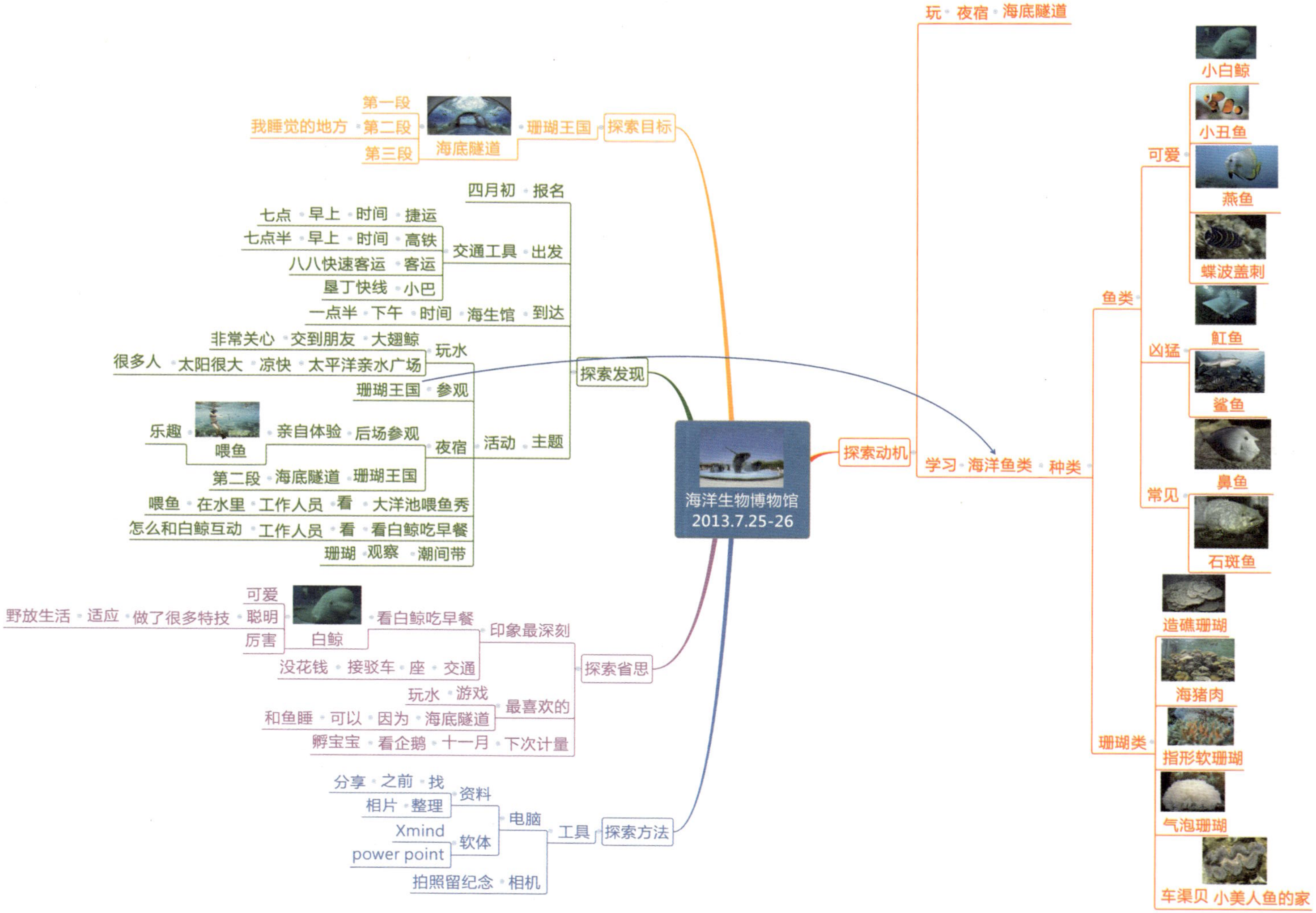
海洋生物博物馆
2013.7.25-26
探索目标
珊瑚王国
海底隧道
第一段
第二段
第三段
我睡觉的地方
探索发现
四月初
报名
七点
早上
时间
捷运
七点半
早上
时间
高铁
八八快速客运
客运
垦丁快线
小巴
交通工具
出发
一点半
下午
时间
海生馆
到达
非常关心
交到朋友
大翅鲸
很多人
太阳很大
凉快
太平洋亲水广场
玩水
珊瑚王国
参观
乐趣
喂鱼
亲自体验
后场参观
夜宿
活动
主题
第二段
海底隧道
珊瑚王国
喂鱼
在水里
工作人员
看
大洋池喂鱼秀
怎么和白鲸互动
工作人员
看
看白鲸吃早餐
珊瑚
观察
潮间带
探索省思
可爱
聪明
厉害
野放生活
适应
做了很多特技
白鲸
看白鲸吃早餐
印象最深刻
没花钱
接驳车
座
交通
玩水
游戏
和鱼睡
可以
因为
海底隧道
最喜欢的
孵宝宝
看企鹅
十一月
下次计量
探索方法
分享
之前
找
资料
相片
整理
电脑
Xmind
power point
软体
工具
拍照留纪念
相机
探索动机
玩
夜宿
海底隧道
学习
海洋鱼类
种类
鱼类
可爱
小白鲸
小丑鱼
燕鱼
蝶波盖刺
凶猛
魟鱼
鲨鱼
常见
鼻鱼
石斑鱼
珊瑚类
造礁珊瑚
海猪肉
指形软珊瑚
气泡珊瑚
车渠贝 小美人鱼的家

地看看它们的真实样貌非常感兴趣。

接着我们又从网络上其他人的经验分享中，了解到海底隧道里面总共分成三段，每一段都各有特色。我们订的是在第二段，电扶梯的这一段，因为这一段晚上鱼会在我们的身边睡觉，早上还会在我们的头顶游来游去，叫我们起床，真是非常令人期待啊！

用思维导图计划行程及整理主题活动

居住在城市里的小孩，出门大多有爸妈开车，比较方便舒适，特别在孩子较小的时候。那年女儿刚满10岁，我认为应该可以开始让她学习对自己的旅行有一些承担，并且能够对于方位有更多的感觉。因此这一次我不打算自己开车去屏东，而是选择让孩子有机会体验台湾的大众交通运输工具。

在我们出发之前，先对这两天的时间做了计划。由于我们希望到达海生馆后，在报到前可以有时间先到太平洋亲水广场玩玩水，集合的时间是下午四点，所以我们预计下午一点半左右到达海生馆。把时间往前回推，我们要搭捷运、高铁、客运和小巴的时间就分别列出来了。

而从海生馆提供的介绍，我们发现活动可以分为玩水、参观住宿的区域，晚上夜宿海生馆还有一些活动，第二天早上起床可以看喂鱼秀、看白鲸吃早餐，然后回到潮间带去观察珊瑚生态。

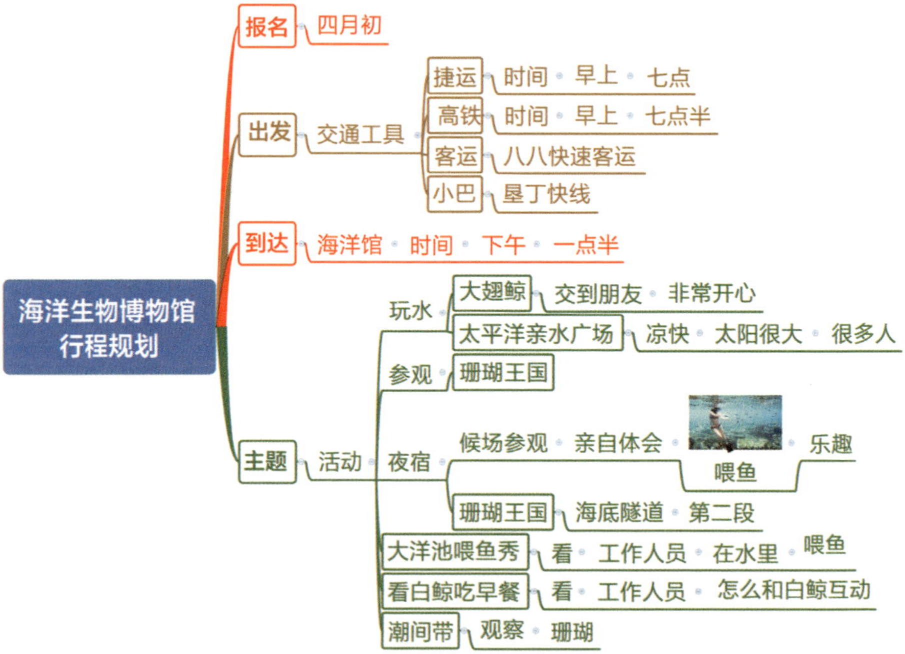

由于在出发前我们曾经用思维导图法对行程做了全盘计划与了解，女儿一路上都非常清楚这一次我们要去玩的目的、有兴趣的东西有哪些，需要把什么样的数据搜集回来，以便完成学校的小专题作业。对于时间的掌控，孩子也能够清楚接下来要进行什么活动，展现出自己对时间的拿捏，不会在某个她很爱玩的地方玩过头，以致耽误了接下来的行程。

回来以后，她用思维导图法把所有相关的数据，依着学校小专题作业的要求，分类整理成“探索动机”、“探索目标”、所使用的“发现方法”、“探索省思”与“探索成果”，接着才陆续将细节整理出来，最后使用ppt简报文件将这一次两天一夜的海生馆探索活动内容呈现出来，以便做口头报告。

132页和133页是这份暑期小专题作业的简报文件贴图。下面这张图是

ppt简报文件的最后一页，订下目标，我们母女俩约好11月还要去看企鹅孵宝宝！

时间已经过去三年了，那一次的旅行，女儿对整个过程依然历历在目，到现在都是津津乐道的一段美好经验。

探索动机

🐧 我和妈妈想感觉住在海底隧道和鱼一起睡觉的乐睡觉的乐趣，还有了解鱼的生活。所以我们决定今年暑假来去“夜宿海洋馆”。但是这是一个很热门的活动，常常都额满，所以妈妈早在四月份就先订了住宿的票，安排这次的旅行！🐧

探索目标—玩水

太平洋亲水广场

鲸鲨池

探索目标—白天和晚上的珊瑚王国—1

早上的海猪肉，像花朵盛开。

晚上的海猪肉，都合起来睡觉了。

探索目标—白天和晚上的珊瑚王国—2

早上的时候，小丑鱼在海中游来游去。

晚上的时候，小丑鱼被海葵包在怀里睡觉。

探索目标—夜宿海底隧道—1

我最重要的探索目标包括，珊瑚王国里的海底隧道。海底隧道有三段：第一段像个包厢可以睡一个家庭。

探索目标—夜宿海底隧道—2

· 第二段就是我们睡觉的地方，这段的景色最浪漫，不但鱼会在我们头上游来游去，早上的时候，上面的天空会让阳光洒到我们身上，仿佛在叫我们，起床喽！

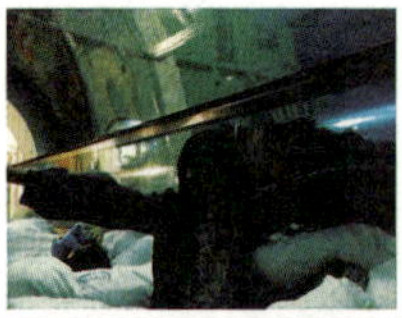

我么还没起床，鲨鱼和魟鱼早就在我们头上巡逻了！

清晨时，阳光从天窗洒下来，

探索目标—夜宿海底隧道-3

·第三段虽然也有鱼在我们身边游，但却有恐怖的沉船，我走过船长室的时候里面有骷髅头，所以我一直抱着妈妈，也不敢睡在那里。

探索方法

我们用的工具有电脑和相机。

相机是拿来拍照留纪念的。

电脑是用来找资料，帮助我们找之前别人分享的经验，和整理拍回来的照片。还使用电脑软件，我用的软件有XMIND和POINT这些都很好用。

探索省思-1

这次的海洋馆让我印象最深刻的有：看白鲸吃早餐。因为它做了很多特技，不过这不是要表演给我们看，那是因为要让它适应动物医生的检查，还有以后的放归生活。

探索省思-2

让我最喜欢的有：玩水。因为可以交到许多好朋友，还有住在海底隧道也很有趣，因为可以看鱼和鱼一起睡。

探索成果-1

体会了这次的海洋馆之旅，让我学习了鱼的种类、亲身体验喂鱼的乐趣。

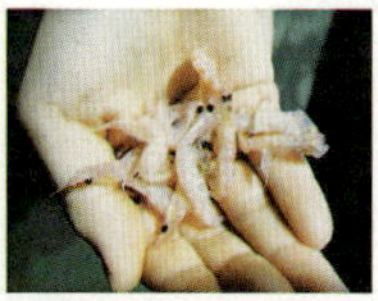

探索成果-2

要谢谢妈妈和解说员，因为如果妈妈没有帮我订这个旅游，我就没办法去了！

探索成果-3

谢谢帅气的宽宽哥哥详细而耐心的解说让我们了解鱼和珊瑚的种类和它们的名字。

第8章

写作力up！建立孩子未来进行项目管理的能力

早期的写作比较重视呈现的文章作品，近年来已经逐渐转向以过程为导向，重视孩子写作时思考的历程。

在陪伴孩子写作的时候，我们必须清楚地知道，写作主题如果与孩子的生活经验有关，可以增强写作的动机，所以题目最好选择他有兴趣的，这样他才能根据题目选择适当的材料内容来写作；其次一篇好文章还得讲究“结构组织”，也就是按照某一种逻辑去组织写作的材料内容。

用全图思维导图让孩子看图说话

看到好的文章，除了字里行间优美的词句，更重要的是我们要学会文章的架构。而如果我们既要学会这篇文章的架构，又不想被文章中的文字所影响，变成一篇抄袭的作文，这时就可以用全图思维导图的方式，呈现出优美的文章架构，来让孩子看图说话。

这其实也是一种学习写作文的方式，就像写书法需要临帖一般，写作文

着衣
回家
准备
东
西
南
北
问
100km
Over
Level 1
Friday

其实也可以做这样的练习。于是我让孩子在第一阶段以思维导图的方式来帮助记忆，到了第二阶段就让孩子看着像前页《木兰诗》这样的全图思维导图，说出这篇文章主要在讲些什么？然后依照这个架构让孩子用自己的话自己完成他写出来的作文。

“仿写”就是文章写作的临摹

当孩子可以看图讲故事之后，接下来就让他们采用“临摹”的方式培养初步的写作能力。

“临摹”除了背诵一些优美的文章，就是要从“仿写”着手。它是结合阅读与写作的基本形式，选择优秀的范文佳作，让孩子模仿文章中的形式结构与内容佳句，学习如何起承转合、立意取材、组织结构、段落修辞、表现手法或句子形式等等。在模仿过程中，不但可以领悟创作文章的诀窍、提升作文能力，也可以享受写作的乐趣。

所以“仿写”就是文章写作的临摹，类型大致可以归纳成“形式仿写”、“内容仿写”与“综合仿写”。形式仿写又可细分为语言、结构、体裁和表现手法的仿写，其中结构仿写是指对范例文章组织构造方式和整体布局安排的模仿，包括人物、事件处理，以及起承转合的设计、层次与段落配置等的模仿。

思维导图法四大核心之一就是放射性的树状结构，形成思维导图的树状结构主要是分类层次与因果的关系，因此在结构仿写的训练上，思维导图法是一项有效的策略。

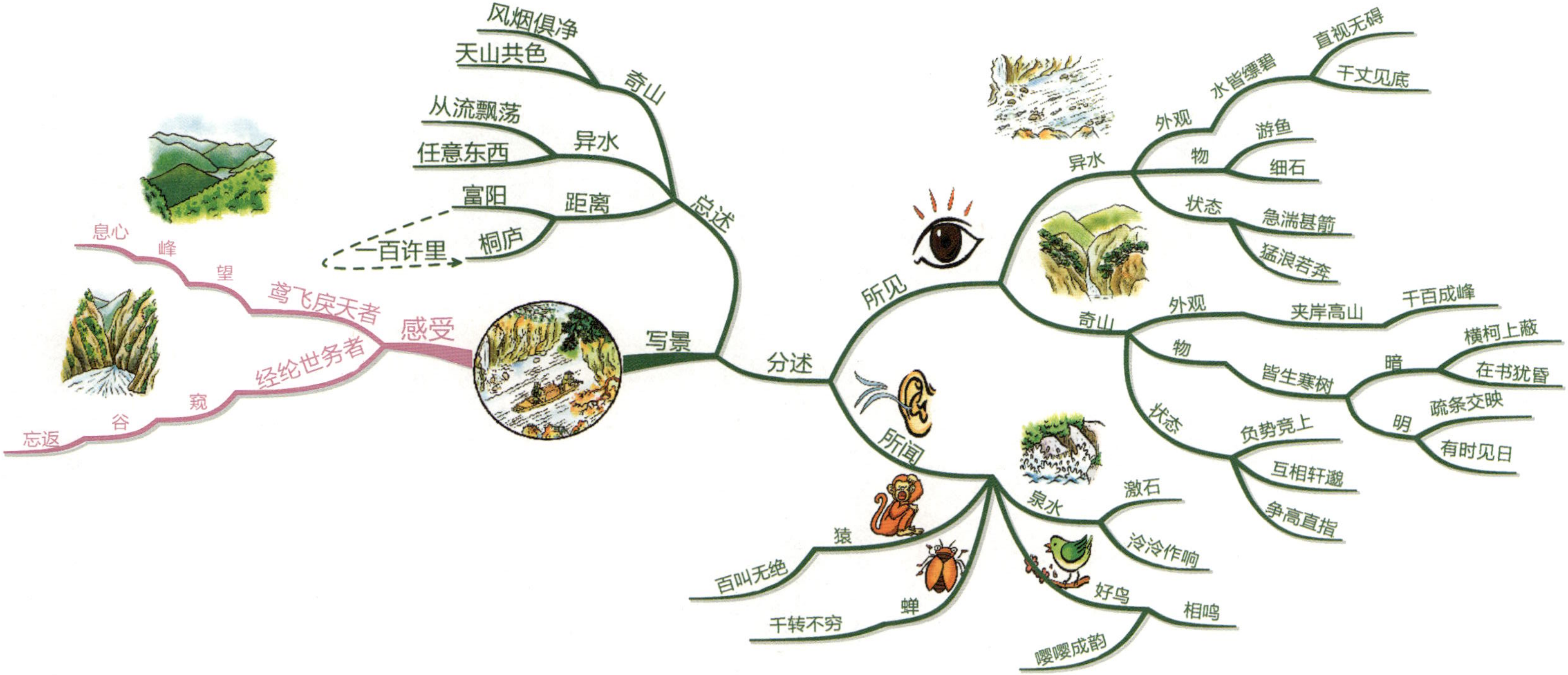

写景
总述
奇山
风烟俱净
天山共色
异水
从流飘荡
任意东西
距离
富阳
桐庐
一百许里
分述
所见
异水
外观
水皆缥碧
直视无碍
千丈见底
物
游鱼
细石
状态
急湍甚箭
猛浪若奔
奇山
外观
夹岸高山
千百成峰
物
皆生寒树
暗
横柯上蔽
在书犹昏
明
疏条交映
有时见日
状态
负势竞上
互相轩邈
争高直指
所闻
泉水
激石
泠泠作响
好鸟
相鸣
嘤嘤成韵
蝉
千转不穷
猿
百叫无绝
感受
鸢飞戾天者
息心
峰
望
经纶世务者
忘返
谷
窥

从语文课本选材，从课文来学作文

至于选材可从学校的语文课本着手，因为一定是优美的文章才会被选入国语课本，所以从课文来学习作文也是一个相当好的方式。老师、家长可以选取适当文体的文章，协助孩子以思维导图法的方式进行解构，了解这篇文章的基本架构后，将思维导图里可以自由发挥的地方改成空白，然后让孩子填上自己的想法，最后利用这些关键词，依文章架构整理出一篇结构完整的文章。

用思维导图法学习仿作：《与宋元思书》

透过仿写来训练孩子的写作能力，做法是先根据范例文章中的内容，整理出囊括原文内容的思维导图。以下以南朝梁时期吴均《与宋元思书》这篇古文做例子，为大家说明怎么用思维导图法学习仿作。

①风烟俱净，天山共色，从流飘荡，任意东西。自富阳至桐庐，一百许里，奇山异水，天下独绝。

②水皆缥碧，千丈见底，游鱼细石，直视无碍。急湍甚箭，猛浪若奔。

③夹岸高山，皆生寒树。负势竞上，互相轩邈，争高直指，千百成峰。

④泉水激石，泠泠作响；好鸟相鸣，嘤嘤成韵。蝉则千转不穷，猿则百叫无绝。

⑤鸢飞戾天者，望峰息心；经纶世务者，窥谷忘返。横柯上蔽，在昼犹昏；疏条交映，有时见日。

基本上，依文章的内容来看，第一段是先总述富春江从富阳到桐庐所见“奇山异水，天下独绝”，接着第二段到第四段再分述“异水”及“奇山”的景色。因此思维导图就依照这样的结构，将这四段分成“总述”和“分述”两支支干。由于这四段都是在“写景”，因此以写景这个概念作为文章第一个主干，也就是思维导图树状结构的最上位阶概念，“写景”的次一阶概念就是“总述”和“分述”。

“总述”支干对应文章第一段，主要是在说明从富阳到桐庐的距离，以及这一段拥有奇山异水的绝妙风光，因此“总述”这支支干下再分成奇山、异水及距离三支次支干。再将与“奇山”、“异水”各自相关的游览描述，分别归纳于其后；而在“距离”的部分，则运用思维导图法以树状结构为主、网状脉络为辅的思考方式，仅于次支干上写出的地名，然后在富阳和桐庐两个地名之间加上连结线，标示一百许里，除了可精简信息量，也使其意义更为清楚。

而“分述”支干对应文章第二、三段是运用视觉摹写，第四段则是运用听觉摹写。所以在“分述”这支支干中，又再分为所见、所闻两支次支干。

在“所见”这支次支干依序对异水及奇山做更进一步描述。为了让孩子在阅读137页的思维导图时更容易了解这篇文章结构，对“异水”及“奇山”的描述又分为外观、物、状态三支次支干，以方便孩子比对、归纳文章内容。又因“外观”、“物”、“状态”三者都是对“异水”及“奇山”进行同一个逻辑的描述，因此使用思维导图法水平思考的方式将它们并列同一位阶。

“异水”的“外观”部分，主要是一看就见到水皆缥碧，接着才进一步形容为千丈见底及直视无碍；“物”的部分指出水中同时有游鱼和细石；水的“状态”则是用急湍甚箭和猛浪若奔形容。

“奇山”的“外观”部分，以夹岸高山来描述，更进一步的说明是千百成峰；山上的“物”就是“寒树”，这里再纳入最后第五段的补述内容，写从舟中仰观近景，因树疏密不同而分为暗跟明两种情景；至于山的“状态”，则以负势竞上、互相轩邈、争高直指来形容。

再来谈到分述的第二支次支干“所闻”，依文章内容分出泉水、好鸟、蝉、猿四支次支干并列，让孩子一目了然，很容易联想它们各自发出何种声音。

第二个树状结构是描述作者的感受，因此在思维导图中的第二个主干写上感受这个概念，从它又分成两支支干，分别是鸢飞戾天者及经纶世务者，接着再说明作者认为这两者在看了峰、谷之后的感受。

《与宋元思书》这篇文章从“视觉”与“听觉”两方面来描写景物，并运用了譬喻、转化、夸张等修辞，使内容更为多元、有特色。家长、老师在让孩子练习作文仿作时，可以先引导孩子透过水平式的思考方式，以及修辞法、想象力的使用，由视觉、听觉两方面出发，多方思考可以从什么角度、可以用什么方法来形容我们周遭的景物，以启发创意思考的能力。

填空思维导图，练习作文仿写

接着指导孩子模仿《与宋元思书》思维导图结构，掌握“总述”、“分

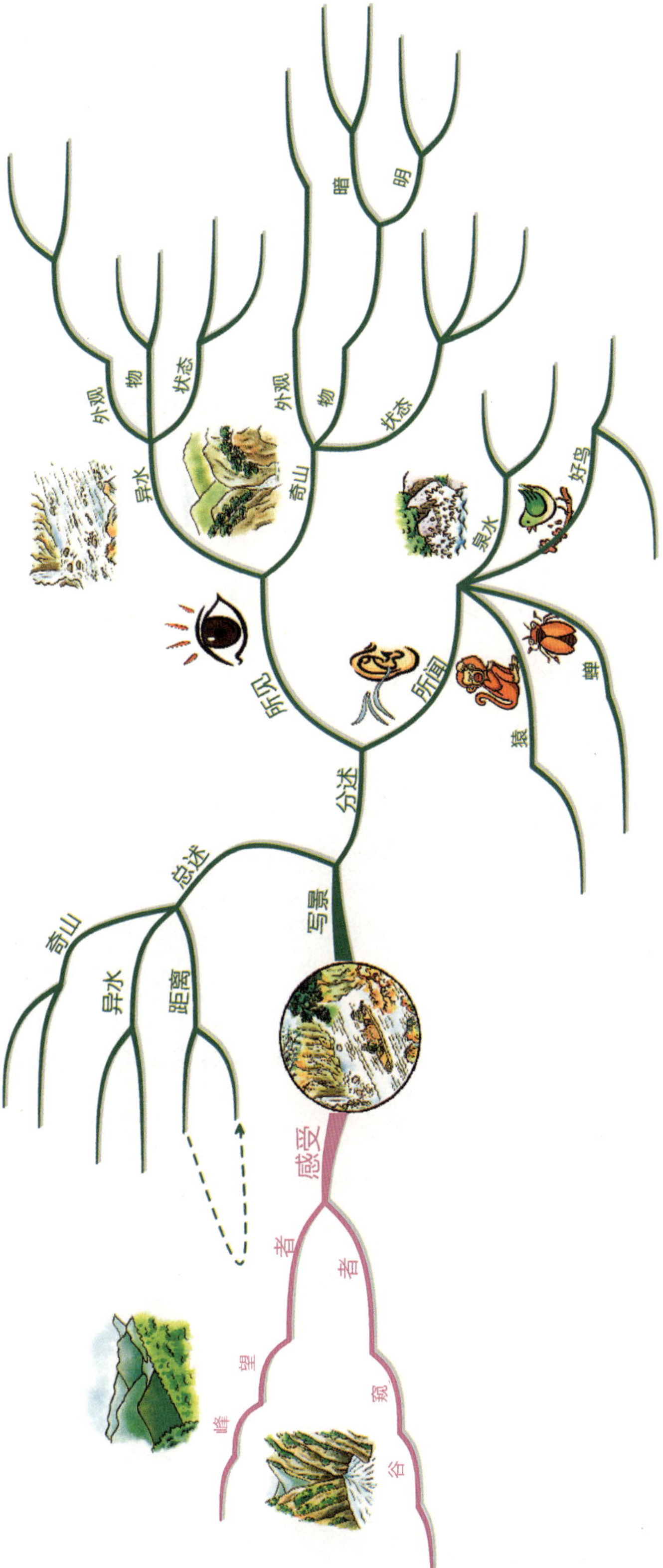
峰望者
谷窥者
感受
写景
总述
奇山
异水
距离
分述
所见
异水
外观
物
状态
奇山
外观
物
状态
暗
明
所闻
泉水
好鸟
蝉
猿

述”的写作概念，分门别类写出写作需要的材料，自己组合完成一篇作文。

在指导孩子写作时，可以先让孩子就他要写的主题进行水平式思考（选择要介绍什么特色），再以垂直式思考（这些特色包括哪些内容）深入说明，多增加一些写作素材，或是在联想到的素材中找出彼此之间的关联性，并且写出从这些特色中获得的感受，以使最后写出来的文章有前后呼应的效果。

下面文章是以141页的填空思维导图，让孩子自由发挥，依自己的想法填上关键词所写出来的作文。

多年前有机会到著名的大溪花海农场一游，令我印象深刻，直到现在，我还记得那一大片漂亮的花田。位于桃园县大溪镇的大溪花海，在十九世纪时本来是栽种香茅的，近代才开始种植许多花卉，发展到现在，除了有美丽的花园之外，还有广阔的农场。

这里的花园也分成很多不同的区域，包括种满了紫色薰衣草的“紫色梦幻区”、种了各式香草的“艾丽斯香草园”、提供植栽教学与花卉贩卖的“花海育婴房”，以及丛生多种多年生灌木植物、各色花朵的“风情万种区”，实在令我目不暇接。

农场部分，在“小牛仔”牧场可以喂食小牛、小羊这类小动物，这种互动真是难得的体验。还能在“小蜜蜂生态屋”了解到蜜蜂是如何采花蜜的。这里实在是一个适合全家一起来旅游的地方，只需要带着一颗轻松愉快的心、准备欣赏美景的眼睛来到这里就好。

大溪花海拥有的美景和设施，对于爱好自然的人来说，一定能感到心旷神怡；如果是对动物很有兴趣的人，透过和小牛、小羊的互动，想必也能大开眼界。虽然我很久没有再去大溪花海了，但是当时那样的美丽景观依旧存在我的脑海里，难以忘记那一片五颜六色的花海带给我的震撼，这样的感动会一直存在我的心中。

带孩子练习做仿写的思维导图

在这个单元我们再以沈芯菱《我的梦想》这篇文章，进一步说明在老师、家长的带领之下，如何让孩子了解一篇文章的结构是怎么建构的。做思维导图的目的是要让孩子更清楚地理解文章的结构与内容，因此下页这张思维导图的内容与一般的思维导图读书笔记略有不同，上面多加了一些结构概念的阶层。

例如在第一阶先列出起、承、转、合，让孩子熟悉写作的基本架构包含这四个部分，再找出文章中哪几个段落属于破题部分（事情的原因和动机），将内容整理到“起”这个支干下；进一步铺陈、补充说明破题内容的段落整理到“承”；改变原先的发展部分整理到“转”；最后把事情的结局、心得、收获、启发等内容整理到“合”。

同样的道理，为了让孩子理解这篇优美的文章是如何铺陈结构，在“起”、“承”、“转”、“合”的分支之下，除了撷取内容的关键词之

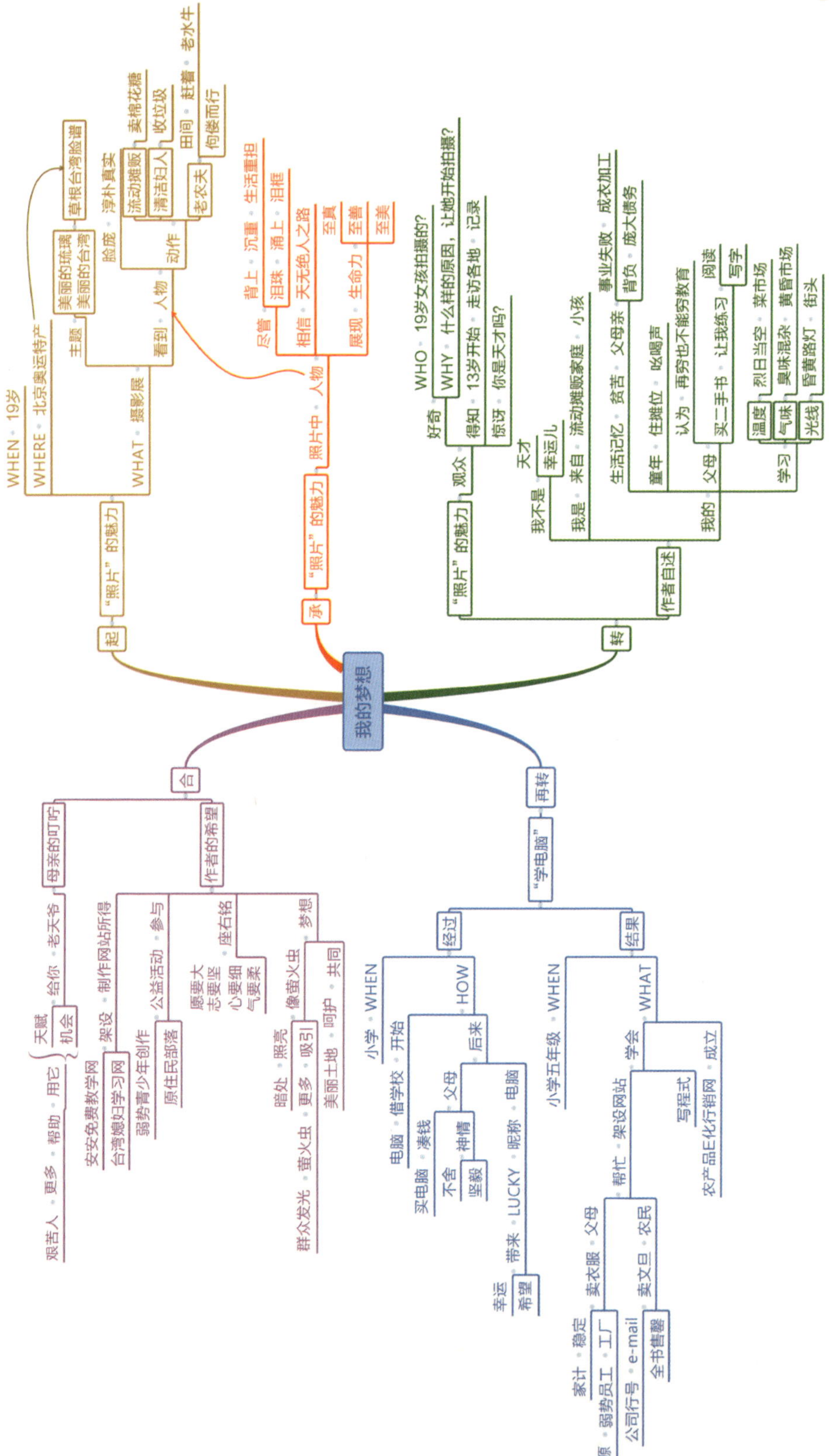
我的梦想
起
“照片”的魅力
WHEN 19岁
WHERE 北京奥运特产
WHAT 摄影展
主题
美丽的琉璃
美丽的台湾
草根台湾脸谱
看到 人物
脸庞 淳朴真实
动作
流动摊贩 卖棉花糖
清洁妇人 收垃圾
老农夫 田间 赶着 老水牛
伛偻而行
承
“照片”的魅力
照片中 人物
尽管 背上 沉重 生活重担
泪珠 涌上 泪框
相信 天无绝人之路
展现 生命力
至真
至善
至美
转
“照片”的魅力
观众
好奇 WHO 19岁女孩拍摄的?
WHY 什么样的原因，让她开始拍摄?
得知 13岁开始 走访各地 记录
惊讶 你是天才吗?
作者自述
我不是 天才
幸运儿
我是 来自 流动摊贩家庭 小孩
我的
生活记忆 贫苦 父母亲 事业失败 成衣加工
背负 庞大债务
童年 住摊位 吆喝声
父母 认为 再穷也不能穷教育
买二手书 让我练习 阅读
写字
学习
温度 烈日当空 菜市场
气味 臭味混杂 黄昏市场
光线 昏黄路灯 街头
再转
“学电脑”
经过
WHEN 小学 开始
HOW 借学校 电脑
凑钱 买电脑
后来 父母 神情 不舍
坚毅
电脑 昵称 LUCKY 带来 幸运
希望
结果
WHEN 小学五年级
WHAT 学会 架设网站 帮忙 父母 卖衣服
工厂 稳定 家计
弱势员工 收入来源
农民 卖文旦 e-mail 公司行号
全书售罄
写程式
成立 农产品E化行销网
合
母亲的叮咛 老天爷 给你
天赋
机会
用它 帮助 更多 艰苦人
作者的希望
架设 制作网站所得
安安免费教学网
台湾媳妇学习网
参与 公益活动 弱势青少年创作
原住民部落
座右铭
愿要大
志要坚
心要细
气要柔
梦想 像萤火虫 照亮 暗处
吸引 更多 萤火虫 群众发光
共同 呵护 美丽土地

外，也要增加几个阶层说明它的内容是在讲什么。

例如“起”的部分，作者是以“照片”的魅力来破题，因此增加了这个位阶，内容包括了WHEN、WHERE、WHAT这几个方向，所以我们也在思维导图当中增加了这几个项目的阶层概念。

刚开始练习做仿写的思维导图时，可以在老师、家长的协助下完成，等孩子慢慢熟悉方法之后，再让他们自己独立去完成。

模仿文章架构，学习写作技巧

根据下页这张思维导图，让孩子了解一篇优秀作文的结构，以及内容的关键词之后，把原文的内容关键词删除，只留下结构，让小孩以相同或类似的主题，在原结构思维导图中，依据新题目把自己想写的素材，以关键词或短句的方式，填写到空白处。

填写时不一定全部依照原来的结构名称，可以做必要的改变，以便让内容更通顺。而且不见得全部的结构都要用上，如果在新主题中派不上用场，可以省略；或是为了让内容更完整，也可以增加适当的结构分支。

在空白处大致填写完毕之后，让孩子看着填好的思维导图，读出拟写作的内容，看看通不通顺，如果觉得不通顺，或是段落内容衔接不上来，可以再修改或增补思维导图当中的关键词。

最后依照思维导图的结构，以及填进去的关键词或短句内容，写出一篇新的文章。

孩子在写作过程中，可能还会有新的内容出现，或想要稍微修改架构，

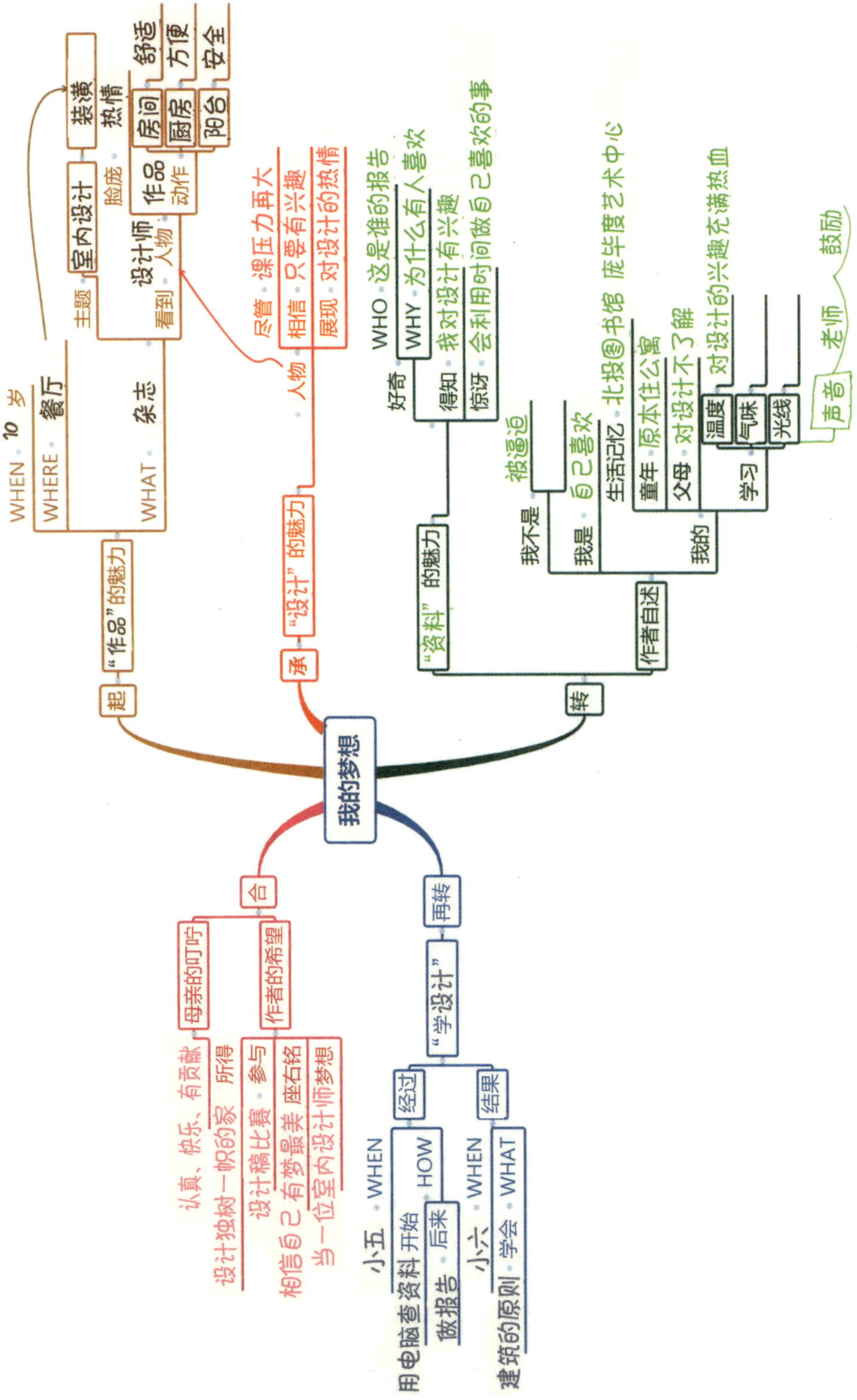
我的梦想
起
"作品"的魅力
WHEN 10岁
WHERE 餐厅
WHAT 杂志
主题 室内设计
装潢
看到 设计师
人物
脸庞 热情
作品
动作
房间 舒适
厨房 方便
阳台 安全
承
"设计"的魅力
人物
尽管 课压力再大
相信 只要有兴趣
展现 对设计的热情
转
"资料"的魅力
好奇
WHO 这是谁的报告
WHY 为什么有人喜欢
得知 我对设计有兴趣
惊讶 会利用时间做自己喜欢的事
作者自述
我不是 被逼迫
我是 自己喜欢
生活记忆 北投图书馆 庞毕度艺术中心
童年 原本住公寓
父母 对设计不了解
我的
学习 对设计的兴趣充满热血
温度
气味
光线
声音
老师
鼓励
再转
"学设计"
经过
小五 WHEN
开始 用电脑查资料
HOW
后来 做报告
结果
小六 WHEN
WHAT 学会 建筑的原则
合
母亲的叮咛
认真、快乐、有贡献
所得 设计独树一帜的家
作者的希望
参与 设计稿比赛
座右铭 相信自己有梦最美
当一位室内设计师梦想

这都是可以接受的，毕竟我们的目的是想让孩子模仿一篇好文章的基本架构，学习写作的技巧，而不是要扼杀他们的创造力。

下面这篇文章是我女儿小学六年级的时候，根据《我的梦想》这篇文章的思维导图架构所写出来的仿作（大家在看文章的同时，可以对照前页那张思维导图）。

我的梦想

在我十岁那年的一个傍晚，我和妈妈一起在一条宁静的小巷里吃晚餐，吃饱后我随手拿了一本杂志阅读，后来翻到了一页拿室内设计作头版的文章，我看到了那些设计师的作品，他们所设计出来的房间让人感到舒适、厨房让人感到方便、创意阳台让人感到耳目一新，他们对设计的热情，是非常值得大家学习、了解的。

之后我就慢慢开始阅读设计的相关文章，那个时候尽管我的课业压力很大，不过我相信只要我有兴趣，就可以展现出对设计的热情。

有一天我的设计阅读笔记被社会老师捡到，她就很好奇地问："这是谁的报告？""谁会对这个有兴趣？"后来老师知道我对设计很有兴趣，到现在老师看到这一类的文章都会兴致勃勃地与我分享，老师也很惊讶我会利用课余时间来完成自己的兴趣。因为我并不是被逼迫要学设计，我是自己本身就对设计充满兴趣。

在我的生活记忆里北投图书馆就是利用不同的原则建造出来的绿建筑，和去年才去的法国庞毕度艺术中心，在那里我也看到许多独一无二的设计。

小时候原本是住在高楼林立的公寓里，很单调，加上我的父母亲对设计一点都不了解，所以我必须自己好好学习。

小学五年级时，开始学习用计算机查询资料，接着再将搜集到的资料做成报告印出来。六年级的时候，我已经可以掌握到一些建筑的原则和想要达到的目的。

我希望我所有学习到的知识都可以为需要设计家的人设计出一间独树一帜的房子，我也希望我可以参加一些设计稿的比赛，妈妈对我的学习只要“认真、快乐、有贡献”，这样就已经足够。所以我相信只要有梦想就一定要去做，“相信自己，有梦最美”是我的座右铭，没有事情是做不到的，只要想要，就一定要试试看。

这种运用思维导图的仿写方式，可以让孩子在脑海中建立许多优秀文章的各种类型结构。孩子未来面对考试也好，自己有兴趣写作也好，看到题目时，在脑海中思考一下，找出较适合的结构，发挥想象力并配合平时对修辞的素养，便可在最短的时间内写出精彩的文章。

第9章

反应力 up！抽象变具体，快速记忆把大脑活化了

增强记忆的方法运用到学习上，除了记住所绘的思维导图之外，还可以将本来没有关系的关键词，运用情节记忆的方式串联，成为有情节脉络的故事就会好记许多。

但是在安排记忆时，用上增进陈述性记忆的方法之余，还可以再加上空间记忆，这样就不仅能记住不相关的关键词，也可以一并记住这些关键词的分布方位。

快速记忆“台湾原住民分布”大考验

以记忆台湾原住民的16族为例，大部分记忆方式就是让这16族的排列顺序读起来好记就好了，但是若换成思维导图法运用空间和情节记忆的记忆方式，首先我会去思考关于原住民16族的考题都是怎么考的？

大部分考试都会以地理位置、人数多寡，以及从哪一族再分成哪几族这几个方面来进行测验，而分布地理位置通常是必考，所以在绘制思维导图时，中心主题会是“台湾”，然后我会再一一排上各族所在的位置。

16组原住民族名×分布位置连连看

然后根据记忆原理以不超过7个的方式进行分类。我会以中央山脉为中心，将16族区分成左上、左下、右上、右下四等分——

左上：赛夏族、赛德克族、邵族、布农族

左下：邹族、卡那卡那富族、拉阿鲁哇族、鲁凯族、排湾族

右上：泰雅族、太鲁阁族、撒奇莱雅族、阿美族

右下：噶玛兰族、卑南族、雅美（达悟）族

① 将每一族的名称多读几次，增进对各族名称的熟悉度。读到不好记的，就发挥想象力创造出一个画面帮助记忆，例如“卡那卡那富族”，可以想象天上掉下很多金币“卡拉卡拉”响个不停，让我变成“富”翁。

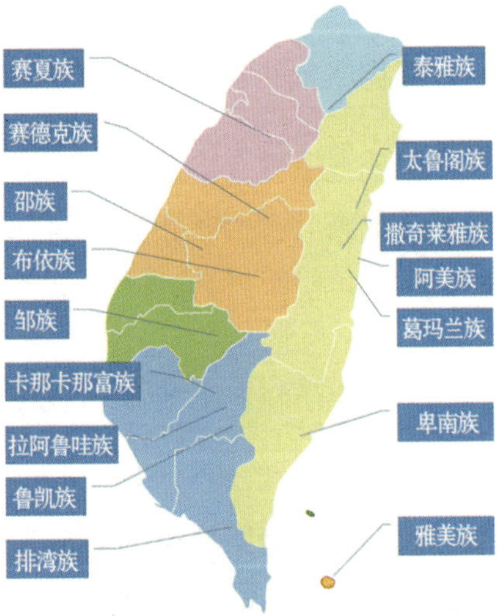

② 再取每一族名称的第一个字谐音当成记忆挂钩，运用故事联想的方式串成故事就比较容易记忆了：

左上：晒晒扫布（赛、赛、邵、布）

左下：走，卡拉卤排（邹、卡、拉、鲁、排）

右上：太太杀鹅（泰、太、撒、阿）

右下：胳臂痒（噶、卑、雅）

太太杀鹅的时候，胳臂很痒。

晒一晒清扫出来的布，走，去买卡拉脆鸡跟卤排骨。

另外，多听一些关于原住民的故事，也能够丰富我们在故事情节上的材料，以增强我们的长期记忆。

把抽象数字变具体的记忆法

关于数字记忆的部分，在中小学阶段直接运用记忆方式去记的机会并不多，坊间的快速记忆常常会表演一次记几十，甚至几百个没有关联的物品或数字，但是在我们的学习中，哪时会需要这样记大量的无相关物品？例如圆周率，除了小学用到3.14的数字之外，我们一般都是使用π，不会用到3后面多少位小数的数字。之所以让大家练习记忆圆周率3后面大量不规则的小数字数，用意是在做记忆的练习，因此记多少不是重点，重要的是要能够运用练习记忆技巧，帮助我们在学习历史、地理等科目时记忆年代或相关数值。

把抽象数字变成具体图像

数字原本是相当抽象，先将数字以具体的图像链接，像是小时候刚开始学数字的时候，大人会把数字形状跟小孩熟悉的物品做连结，同时编成口诀帮助记忆。像是“1什么1、铅笔1，2什么2、鸭子2……”等，像这样将抽象的数字转成图像，帮助我们记住本来无意义的数字，接着再用这些具体的物品加上语意情节就容易记住了。

把抽象数字转成具体形式

例如要顺利说出三十六计里的第几计是什么，就可以运用这种方式将数字与计名串联起来就不容易遗忘。举例来说，第一计：瞒天过海，你可以想象拿一支铅笔“1”将一幅有天有海的画涂黑；第四计：以逸待劳，可以想象一个人坐在帆船“4”上悠闲休息的样子。将数字的形状转成具体形式，然后把要记忆的内容编上情节就会很容易记住了。

在学习的过程中，记忆是相当重要的一环，不过仍然要建立在理解的基础之上，记忆对于学习才会有帮助。记住很多或是记得很快，并不是学习的主要目的，但是多做记忆游戏的练习，对活化大脑相当有帮助，除了让脑神经的连结变快之外，也能够增加学习的乐趣。

小提醒

□四大核心是笔记的基础。抓到关键词，画对重点，做好分类阶层化，可以清楚看出孩子到底懂不懂。

□学习就是生活，生活就是学习。小专题作业的呈现，应用思维导图法整合生活经验，让孩子感受到生活中处处是学习。

□笔记不是讲光抄，自己做的笔记，不仅能够看到理解程度，也可以增加记忆效果。

□运用空间记忆和故事联想的记忆，让孩子有意义地整理琐碎知识，将本来没有关系的片段意义化。

PART 4

看到成长的轨迹 从学习中建立自信

~验证期~

从学习中建立孩子自信的能力，当学习有成效，孩子就容易学会时间管理，不然单单要克服心理对于学习的无力感，就要耗费很大的能量，消耗很多的时间，等到回过神来，时间早已流逝，容易形成排斥学习的恶性循环。

◆ 父母永远不要放弃自己的学习，只有借由学习才可以让自己的人生永远充满希望。

第10章

生活力 up！在交叉路口选择正确的快捷方式

算一算从我开始学习思维导图法到现在已经近十年了，女儿也快要小学毕业了。这十年中我看到孩子在学习上的成长，面对学校的课业，她的脸上总是有股“我知道怎么样叫做读完”的自信。

每次考试之前，她自己很清楚已经完成了多少，还需要用多少时间来读完还没读的部分。所以我们常常有机会在她考试前一天，还出去玩、看舞台剧、听音乐会，这都是因为她可以很清楚地掌握自己读书的进度与实际学习的状况。

迎接挑战，面对问题不逃避

整个小学阶段，女儿总是能够顺利地完成家庭作业，不需要父母催促着写。有些时候她对老师上课内容不是那么清楚，她也会主动说要先用思维导图做做看，知道哪里不会再请大人帮忙。由这点来看，思维导图法果然已经成为她理解学习的工具了，从小就接受熏陶，遇到问题愿意自己先尝试去了解和学习，我想这是在学习上最重要的态度。

游园经验，看见孩子的成长

学校教室里的学习，主要目的之一是培养孩子有能力解决在生活中遇到的问题。2015年暑假，我因为参加在丹麦奥登斯举行的世界资优教育年会，顺便带女儿一起去欧洲玩了一圈，巴黎迪士尼乐园当然是一定要去“朝圣”的。这次我刻意事前不做游园规划，而是让女儿去到现场再做决定，我的用意在于验证过去以思维导图规划畅游东京迪士尼的经验，是否已经内化成为她的能力。

脑中有隐形的思维导图

果然入园第一件事，她去索取了一张游园地图，之后立刻找寻哪些是“必玩”，哪些是“有时间再玩”，哪些是“有FastPass”，哪些是“没有FastPass”。然后开始决定先去拿哪一个游戏的FastPass，进场时间还没到之前先去玩哪一个排队人少的游戏……看到她极有条理地规划安排，不就是思维导图法所强调的分类、顺序与因果关系概念的体现吗？也就是她不需要画出一张思维导图，已经能够运用思维导图“法”来解决问题。

惊艳！在交叉路口的决断

令我更难忘的是，当天我们一直玩到很晚，要去看最后一个节目“冰雪奇缘”的表演时，不但天色已黑，还下着大雨，眼看接近演出时间了，我们又有点迷路，这时我原本想放弃了，但我女儿超爱看这个节目，于是她自告奋勇说要“带路”，一路上只要走到叉路口，她就抓个路人不假思索地询问表演场地怎么走，最后我们不仅顺利抵达，而且没有误点。从她当下的表现看，除了验证英语的学习成效之外，最重要的是思维导图法带给她的思考能力。

在思维导图树状结构中，每一支支干都可以延展出不同的可能性，就是思维导图法的水平思考。当女儿带我走到交叉路口时，她清楚地知道每一条路都是通往不同的游乐区，虽然走错了可以绕回来，但在时间有限的情况下，她必须选择正确的快捷方式。

给他鱼吃，不如教他学会钓鱼

孩子未来的世界已不是大人所能够想象的了，过去不曾出现过的职业，在这几年如雨后春笋般地冒出来，对于这么多的未知，你如何能够期待孩子准备好一切再来面对？唯有给孩子最好的钓竿，教他学会使用，他才会有机会钓起他心目中最想要的那条大鱼。

而我也曾经认为自己不喜欢读书，过去读书时期，心中一直有个很大的愿望，就是当我大学毕业以后，我就再也不想看书了。我想这应该是很多大人从小的心愿吧！

重新看待“学习”的契机

我们这一代经历过升学联考的折磨，常常对学习抱着敬而远之的态度，导致在职场上面对不熟悉或是新的东西，真的会去翻书找答案的人实在不多，没有时间通常就是大人不读书的最大借口。但是为什么国外的地铁上，看书是大部分的人共同的行为；而在我们的地铁上，一眼望去却几乎都在滑手机。没有成就感的学习，让我们只想离书本远一点。

学习思维导图法让我重新看待“学习”这件事。通过思维导图，让我看到原来不同的科目彼此之间其实是有关联性，原来学习是可以这么清楚地积累起来的。在陪伴孩子学习思维导图法的过程中，我真正发现自己是喜欢读书的。

享受学习，积累专业，人生永远有梦

2012年基于对学习的热爱与冲动，我继续进修博士学位，这一次我决定要让思维导图法帮我去享受学习。博士班的课程才真正是对学习能力的一大考验，面对无涯的学海，常常累到有种回头是岸的悲观，但是只要一打开思维导图笔记，对学习的那股稳定感就出来了，按部就班地积累出我真正的专业。

博士班的学习不仅仅只是专业知识的学习，还必须借由整合的力量产出新的想法，思维导图法中网状脉络连结的学习，常常可以帮助我找到脉络之间的关系，了解问题背后的问题。

现在我们母女俩常常一人一台计算机，可以一边享受浪漫的早午餐，或是一边喝着优雅的下午茶，同时能够很专注地学习。我想我跟孩子的学习之路，会因着思维导图法的陪伴而长长久久地一直走下去。

小提醒

□ 孩子是通过父母看到自己的未来，父母终身学习，是最重要的身教。

□ 有自信就不怕面对困难。

【附录①】

教 ○ 学 ○ 现 ○ 场

教学方案与案例分享

近年来思维导图法已经逐渐普及，落实到中小学的各个科目教学之中，在这个附录单元里，收录了“孙易新思维导图法 ”认证班结业的新湖小学陈孟妏老师为提升儿童阅读理解及创造力，所发展出结合思维导图的绘本阅读教学方案，以及两位师资培训班结业的小学老师（头份小学郑琇方老师、中和小学陈韦铭老师）他们实际指导学生的教学方案与案例。所以，不论你是老师或是家长，都可以参考他们的课程设计，应用到不同年级、不同科目的教学。

陈孟妏 老师

我服务于台北市新湖小学，由于对于思维导图法运用在教学上相当有兴趣，因此在进修硕士学位时，就以思维导图法运用于低年级的绘本阅读理解及对创造力的影响为题进行研究，并在研究中发展绘本的思维导图法教案作为进行阅读理解的教学方法。研究结果发现，使用思维导图法进行绘本教学果然能够提升低年级学生的阅读理解力及创造力。

【孟妏老师的期许&教学经验分享】

希望借由结合思维导图阅读绘本，提升低年级学童阅读及创造思考的能力。首先必须要让学生清楚这本绘本在说什么，思维导图除了清楚呈现出绘本的架构，同时在之后也能有一些延伸发展的活动，让学生在阅读绘本之后能够与自己的生活做连结，如此一来就不会只是单单听完一个故事了。

提供：《一个不能没有礼物的日子》思维导图结合绘本阅读教学方案

绘本名称	一个不能没有礼物的日子	设计者	陈孟妏
教学者	陈孟妏	教学总节数	4节
教学目标	1.通过图像阅读与讨论，能理解在阅读过程中观察到的信息。 2.能够根据故事情节，绘制思维导图。 3.能通过思维导图绘制，激发儿童的变通性、流畅性、独创性。 4.能够欣赏同学的作品。 5.了解“礼物”的价值不在于外表的价值，而是赠送者的心意。		

教学活动	教学资源	时间	教学评量
壹、准备活动 **一、引起动机** 以“礼物”为引点，引导小朋友思考。想一想，平常在什么时候你会收到礼物？收到礼物的心情是什么呢？ **（一）礼物的Brain flow思考** 1.以“礼物”为主题，让小朋友进行接龙游戏。接的人不可以超过3秒，超过就淘汰，看看最后剩下几个人。例如： （1）想到“礼物”就想到“生日” （2）想到“生日”就想到“蛋糕” （3）想到“蛋糕”就想到“奶油”…… 2.现在请小朋友以“礼物”为起点，开始思绪流畅地完成学习单。 3.完成后，请小朋友分享自己的学习单。 4.教师总结。	计算机、单枪投影机、实物投影机、“礼物联想”学习单	5’ 5’ 20’	能够发挥扩散思考能力，提出各种想法 能够完成学习单 能够与同学分享自己的作品，并能欣赏他人作品

（二）礼物的Brain bloom思考 1.配合班上“礼物竞标”活动，老师需要请家长提供合适且能吸引学生的礼物。请小朋友以思维导图提供礼物的“菜单”给爸妈做参考。 ①分给每个小朋友5张小卡，请每个人写下自己最喜欢的礼物。 ②请小朋友将所写的词卡秀出来，而在小组里，若有成员写的是相同的礼物，则将该张小卡收掉。 ③请成员将桌面上的礼物小卡进行分类。 ④根据所做的分类，绘制成思维导图。 ⑤在分类的分支中，可请成员再思索是否有遗漏之处，可以再进行增加。 2.请小组小朋友派代表上台发表小组的想法。 3.根据他人想法，补充自己组所不足的地方。 4.老师总结，并将各组作品布置于教室，供小朋友欣赏、学习。	海报纸 小卡	5’ 5’ 5’ 15’ 10’	小组能合作完成思维导图绘制 能够欣赏同学的作品
【第一、二节】结束			
贰、发展活动：绘本阅读 （一）老师引言：礼物的出现常会让人觉得很开心，很兴奋。特别是有些日子，如果没有了礼物，就会让人觉得少了些什么东西。请小朋友想一想：“你认为什么样的日子，需要有礼物呢？” （二）老师秀出《一个不能没有礼物的日子》这本书，介绍这本书的作者、绘者及出版社。请小朋友猜一猜：“作者认为什么样的日子不能没有礼物？跟你想的是不是一样呢？” （三）以简报播放绘本，在播放过程中，先呈现故事图片，让小朋友发言并讨论画面中展现出的内容后，老师再讲出故事文字内容。	计算机、单枪投影机、绘本ppt	5’ 15’	能踊跃发表自己的想法 能够专心聆听故事

故事大意：《一个不能没有礼物的日子》这本书主要是描述小熊的爸爸找不到工作，但是圣诞节快到了，小熊从爸妈的表情里知道了生活的压力，于是小熊自己想办法给大家找礼物。而小熊爸爸、妈妈、哥哥、姐姐也都为圣诞节尽了心力，爸爸做了圣诞树、妈妈煮了一顿可口的晚餐、哥哥和姐姐布置窗户，一切都和往常的平安夜一样，只有爸爸妈妈知道今年圣诞老公公不会来了。第二天早上，小熊叫醒大家来看礼物，哥哥得到补好破洞的风筝、姐姐得到留在公园忘了带回家的伞、妈妈得到一颗一直找不到的纽扣、爸爸得到被风吹走的帽子，小熊的礼物盒里装着他最喜欢的棒球手套，每个人都得到一份礼物和一段回忆。			通过图像阅读与讨论，能理解在阅读过程中观察到的信息
叁、综合活动 1.在故事说完后，经由老师引导，与小朋友共同讨论完成《一个不能没有礼物的日子》的思维导图绘制。 ①**中心主题的绘制**：请小朋友分享讨论该本绘本的中心主题，会想要画什么呢？ ②**第一支主干：原因** 第一支主干“原因”，分出“圣诞节”、“爸爸”、“妈妈”三个分支，点出圣诞节是一个不能没有礼物的日子，但是爸爸做生意失败，妈妈留钱过日子，来作为故事的开端。 ③**第二支主干：圣诞节** 第二支主干“圣诞节”，分支为“前几天”和“圣诞夜”，从这两个分支里，更加强叙述大家对这个节日的重视，布置家里、丰盛的晚餐及做一棵圣诞树，凸显出浓浓的圣诞节味。	《一个不能没有礼物的日子》学习单	20’	能够完成思维导图绘制 学生能踊跃发表看法

④第三支主干：圣诞礼物 第三支主干“圣诞礼物”，圣诞节当天，大家获得了特别的礼物，和故事一开始产生了相呼应，这是一个不能没有礼物的日子，所以大家都获得了礼物，即使它是一个旧东西，也让大家的心暖暖的。 **⑤第四支主干：感觉** 第四支主干“感觉”，大家都觉得这是一个特别的圣诞节。 2.完成后，请小朋友在小组里互相分享自己的思维导图。 3.老师总结，并将学生的作品布置于教室之中供大家欣赏。			能欣赏同学的作品

【第三、四节结束】

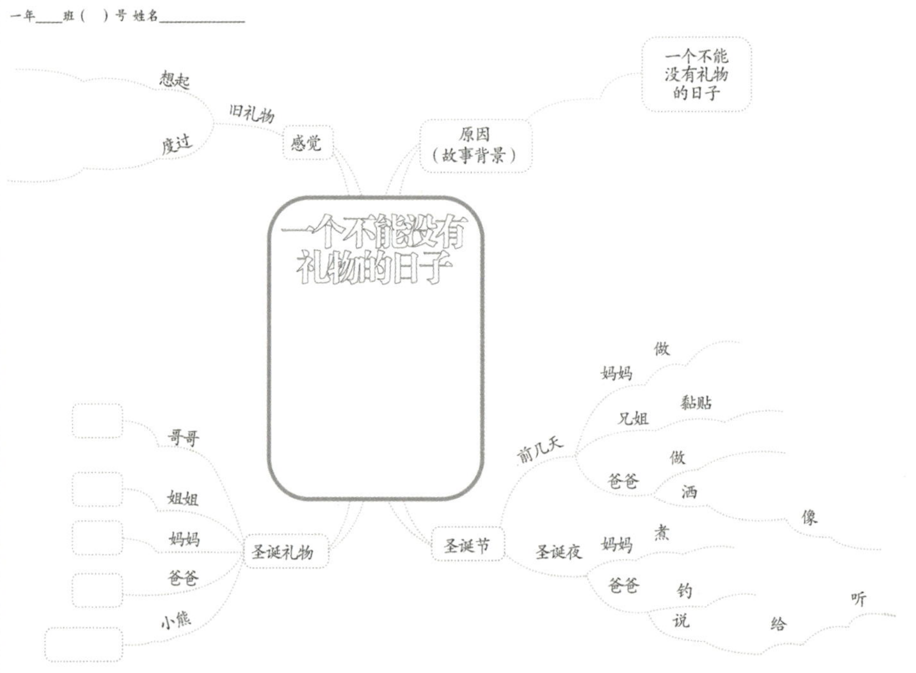

郑琇方 老师

苗栗头份小学级任老师，非常热衷将思维导图法应用在指导学生的学习上。2004年为了帮助孩子提升阅读写作的能力，以长达四年的时间在自己带领的班级，进行硕士论文的研究，严谨地研拟出对小学生写作能力具有显著提升的教学方案。

【琇方老师教学经验分享】

分类是做笔记的重要基础，要让学生学会思维导图法，又不增加读书学习的负担，最方便的方法，即使用课本的文章作为素材：生活、社会、自然、或是语文课文中，挑选结构性强的一小段，都可以拿来做练习。

通过绘制思维导图笔记的过程，活化孩子的大脑，将杂乱无章的信息做系统化的组织，是需要时间练习的，这个过程也可以培养学生的耐心。

因此，建议在教学现场的老师们，可以将学习时间拉长，让学生在轻松学习的情况下教学；给家长的建议，也是不需要急躁，画得不如理想中的美观，不要批评打击，先找出孩子的优点再给予意见，例如：“你分类分得真棒，这里如果再加个小图就更棒了，你要不要试试看呢？”

提供：小学中、高年级思维导图教学案例

壹、中年级

一、目的

（一）三年级：三年级上学期以练习分类、支干命名为主，熟练思维导图之后，为三年级下学期的作文教学铺路。

（二）四年级：除了延续三年级的作文教学，此时教学目的放在摘录重点笔记。由于学科内容变深，需要背诵的部分变多，加上即将升上五年级，希望孩子能继续使用思维导图学习，因此转换方向，让孩子能够以学习为重。

二、科目

（一）成语教学

· 年级：三年级

· 教学方式：一组一本成语字典，尽量找出与动物有关的多个成语，接下来通过讨论后分类，画成思维导图。

· 目的：练习分类与组织。

分类能力是智慧的基础，也是思维导图法的核心原理之一。培养好分类的能力，对阅读理解会有很大的帮助。

（二）社会科

在暑假备课时，便先将本学期的社会内容，使用思维导图软件制作成教材。开学后，每一节课只上一小单元，最后几分钟，大家一起找出单元内的关键词，学生于课程结束后，必须将今天所学内容画成思维导图笔记。

三年级社会科趋近生活，是很好发挥以及熟练使用思维导图的方式；到了四年级单元变深，必须背诵的部分变多，此时教学重点则是指导学生如何做笔记与背诵。

（三）数学科

数学科也可以做思维导图，将此单元最重要的几个大概念画成思维导图，再根据概念自行解释或举例，可以了解孩子是否熟悉。

数学科的思维导图笔记在于通过树状的分类结构与因果关系、以具体的图像说明抽象的数学代号，来协助厘清复杂的概念与关系。

（四）自然科

亲手做过实验之后，趁着印象深刻之际，以思维导图再搭配鲜活的小插图来整理学习的内容，可以加深记忆的效果！

自然科的思维导图笔记看似与社会科类似，但又多了一点与生活的连结，因此可以将课本的知识与生活的观察结合在一起，汇整出自己独特的思维导图笔记。（可参考180页陈韦铭老师的自然科思维导图教学方案）

（五）户外教学的行前计划

出去玩该带什么、注意什么也可以自行设计。

从实际中学习，是最有效的学习。先生活化再课业化，让孩子将思维导图法融入到生活当中，不知不觉熟悉思维导图法的规则技巧，他们会更喜欢、更愿意应用到学校的功课当中。

【成语教学 - 成语 / 庄家诚】

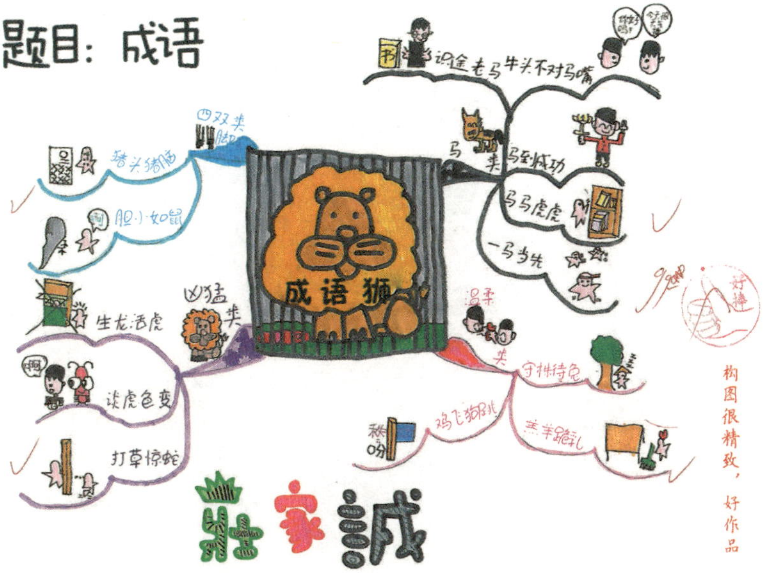

【成语教学 - 成语 / 庄家诚】

【社会科 – 家乡物产 / 许芳瑜】

【数学科 – 分数 / 张隆盛】

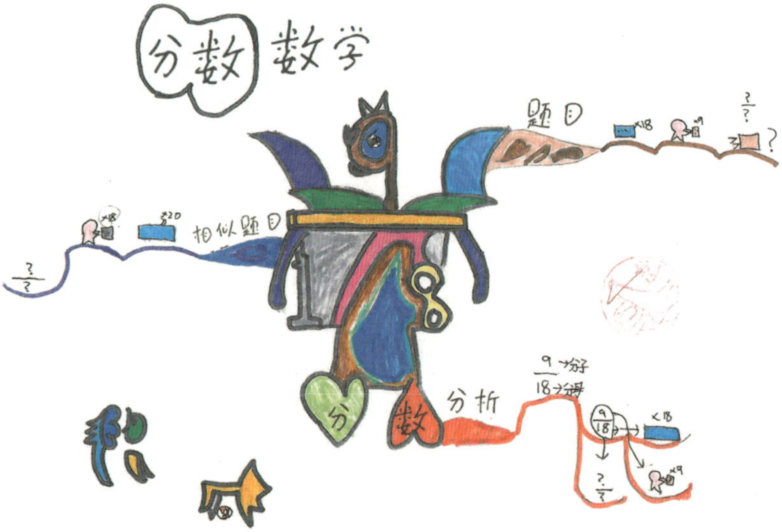

【自然科－推动玩具车的方法／许芳瑜】

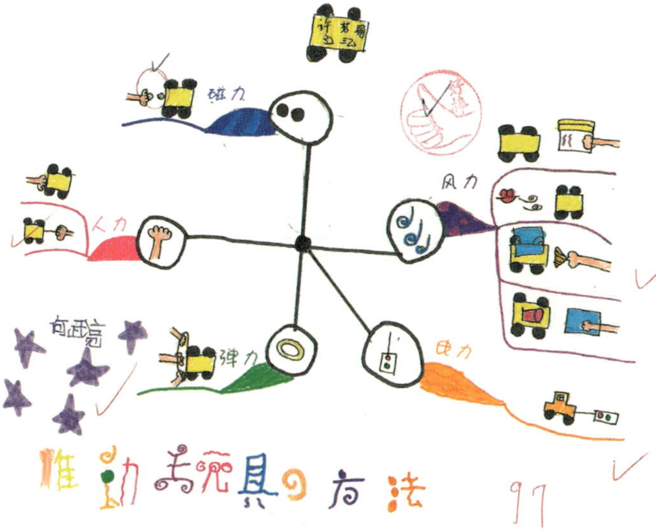

【自然科－认识植物的根／许芳瑜】

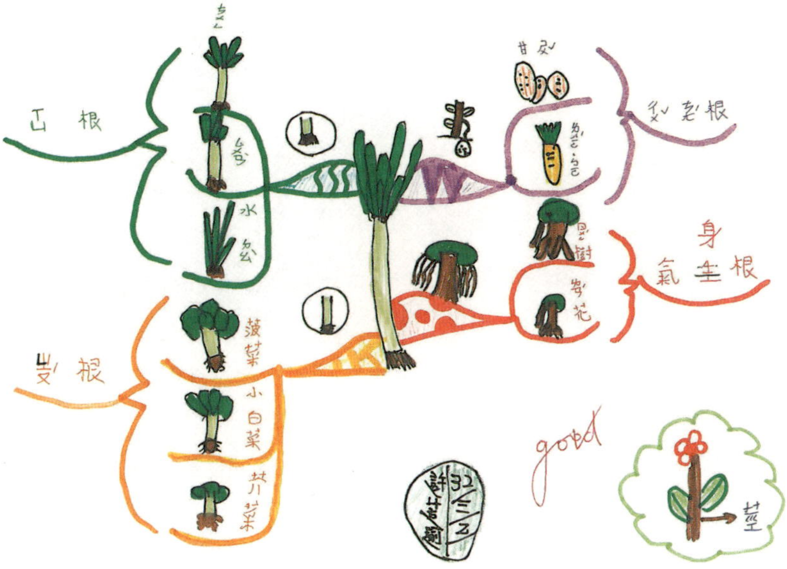

【自然科－火车的演进／庄家诚】

【户外教学的行前计划－小人国行前计划／许芳瑜】

贰、高年级

一、目的

高年级学科多且深，此时教学重点不放在思维导图的美观上，而是以直接教导学生如何做出有助于学习的笔记为主，因此不特别要求上色、或整体的协调性。另外，由于孩子已经先对思维导图的概念做过学习，如果内容过多，亦可以让孩子试着使用软件，以节省时间。

二、科目

（一）语文～课文找大意、主旨

高年级的课文大多优美、文意深，且内容很多，教导学生画出思维导图后，可以很快抓住重点，了解主旨，厉害一点的甚至连课文都可以背起来。

（二）社会科～重点整理

目的是让学生熟悉找关键词以及分类的概念。

【语文第五课 – 翠玉白菜／吕佳芯】

【语文第八课 - 处处都是美 / 吕佳芯】

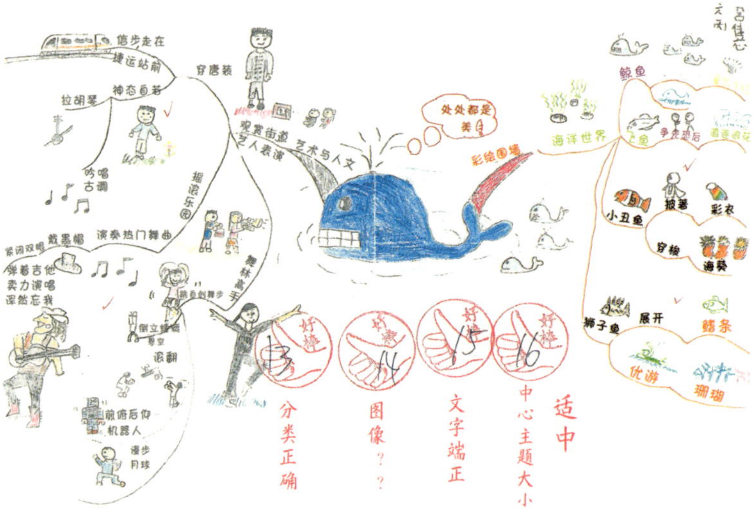

【社会科 - 台湾农业发展 / 罗苡嫣】

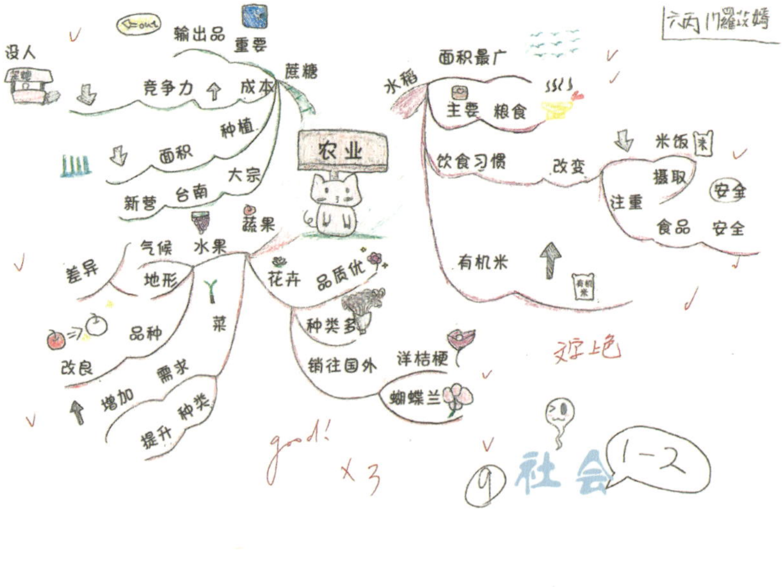

（三）基测题

学生即将升上初中，面对五花八门且深度不一的基测时，必须能够在有限时间内找到重点，因此，提早训练学生未来如何面对问题。

【1998年基测题 - 陈彦妤】

1998年基测题

亲水运动公园，应该是我旅行中所见新型态公园里最让我振奋的一座。名为运动公园，我们就不会用森林公园的尺码去苛求。这座位于城里的公园，除了体育场地的设施外，全部以现代人工化的自然景观规划。孩童的亲水环境、新式的庭园格局，以及具有后现代风格的山丘造景，都贴切地融入这个视野宽阔的公园里。

六丙18号

陈彦妤

一、问题：亲水运动公园令作者欣赏的特质是什么？（D）

（A）花卉鲜艳多彩，水池造型新颖

（B）占地广大，可让市民带着宠物散心

（C）体育场明亮宽敞，具备多功能设计

（D）宽阔的空间里融合现代与古典的设计

二、画出重点笔记思维导图

陈韦铭 老师

陈韦铭是中和小学自然科的老师，多年来致力于将思维导图法应用在自然科的教学之中。本案例以“观察落叶”这个非常生活化的单元为例子，各位老师与家长可以照着教学方案的步骤与解说，跟着做做看。未来可以循此模式，应用到自然科的其他单元之中。

【韦铭老师教学经验分享】

达尔文曾说过:“我既没有突出的理解力，也没有过人的机智。只是在觉察那些稍纵即逝的事物并对其进行精细观察的能力上，我可能在普通人之上。”虽然这是达尔文的谦逊之词，不过可以了解到“观察”能力的重要性，科学教学中常使用的探究式教学法、问题解决教学法、创造力教学法……也都与科学观察有关，因为信息的获得由观察开始，包含运用五官直接观察以及利用科学仪器来观察。

儿童的科学观察须循序渐进来学习，包含直观观察、察觉变因的改变与变化、观察事物的特征与属性等等，而这些观察任务在引导教学后都可以获得进步。在绘制观察思维导图时，依照绘制者的心智能力与观察技能又可分为三阶段：第一阶段是观察的主题与如何观察的主干已提供（适合低年级或不熟悉科学观察技能者）；第二阶段是提供观察的主题，但如何观察的主干则不提供（适合中年级或熟悉科学观察技能者），第三阶段则是由观察者自己寻找观察的主题来绘制思维导图（适合高年级或熟悉科学相关过程技能者，可利用观察思维导图进而发现及研究问题。以下就科学观察的第一阶段与思维导图应用的结合进行说明。

提供：自然科“观察落叶”的思维导图教学方案

· 教学内容：观察落叶

· 学生的学习目标：利用五官观察物体的特征

· 教学者与对象：陈韦铭老师与一年级学生

· 思维导图的优点：可以全面地观察物体，而不是只用眼睛看，另外使用单一感官也能广且深入，例如学生以往利用眼睛观察只重视什么颜色、什么形状，利用思维导图扩散思考的优点还可以深入观察树叶上的纹路。

【教学过程 － 师生对话及教学活动】

老师：小朋友，我们要如何观察落叶？我们可以利用……

（老师画出中心主题、主干，学生思考与回答）

学生A：眼睛看。

学生B：摸摸看。

老师：（当学生有提到五官时，就优先将其所说到的眼睛画上去）是的，学生A说我们可以用“眼睛”来观察。

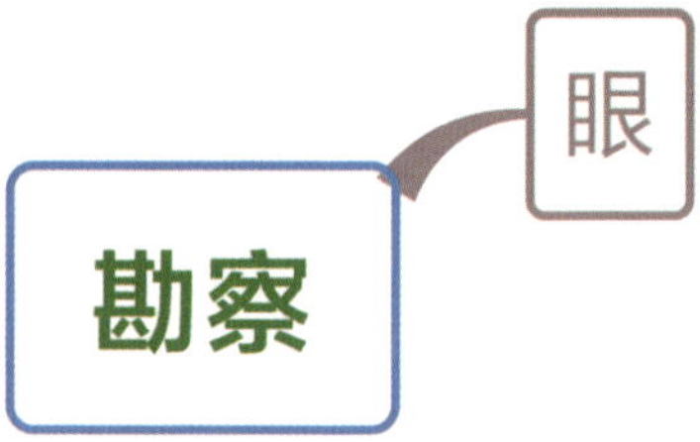

（图1）

老师：学生B说摸摸看，所以我们这样写好吗？（图2）哪一种比较好？为什么？

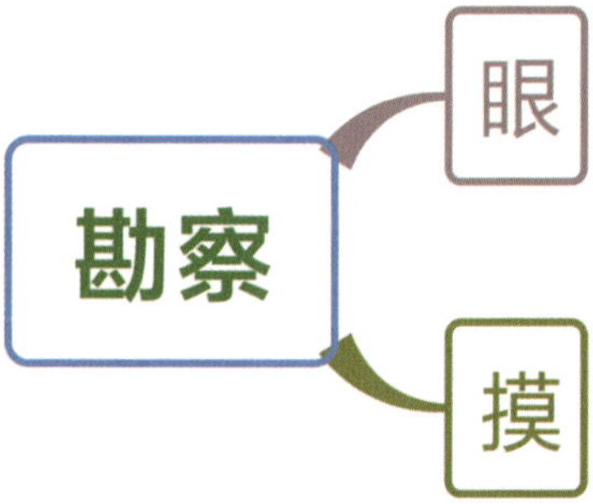

（图2）

学生：写手比较好，因为上面是写“眼睛”，而不是写“看”，所以写手比较好。

老师：是的，同学们要记得同一位阶要有同一逻辑[注1]。

（图3）

（图4）

注1：同一位阶指的是由中心主题扩散出去的第一阶、第二阶、第三阶等。“眼睛”与“摸”及“手”三个关键词都是中心主题扩散出去的第一阶（图3）；相同逻辑指的是，眼睛是五官，手也是五官，摸是手的动作，所以眼睛与手的背后逻辑才是一样，如果要写“摸”当第一阶，那就不能写眼睛，而是要改成“看”。哪个关键词在上位阶或下位阶都不是绝对的，一般以哪个关键词的概念涵盖较广作为上位阶。举例来说，用手摸是一种观察方

法，那如果我要用手提来感觉重量，“摸”在上位阶恰当吗？请看图4，因此“手”这个关键词在这里放上位阶比较适合。

（图5）

老师：那还有呢？[注2]

注2：这时老师再将学生思考后所表达的内容撷取关键词并画出来，在画的同时，老师要利用放声思考法，边读边画出来。

老师：在观察落叶之前，我们先花一点时间来了解，我们要如何运用五官。我们知道眼睛要看、手要摸，但眼睛要看什么？手要摸什么？有没有人知道。

学生A：看树叶是什么颜色？

老师：原来是运用眼睛观察“颜色”（老师将颜色这个关键词写上去），那眼睛除了观察颜色，还可以观察什么？（老师可以引导学生思考[注3]）

注3：教育理论常提到老师要能引导学生思考，提供鹰架，利用思维导图就是一种提供思考鹰架的办法，而且这个思维导图的鹰架还是看得到的心智模式。当同学理解到用眼睛可以观察颜色，再通过心智绘图提升扩散思考的优点，他就会想到眼睛还可以观察“形状”、“纹路”等等。

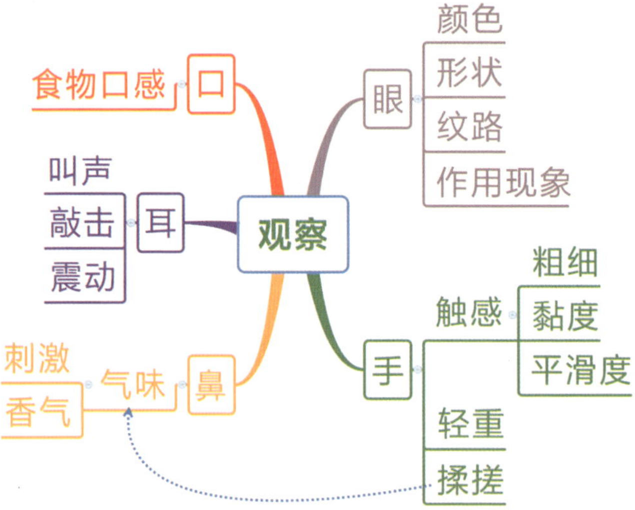

（图6）

（图7）

◎**实际教学情况：**由于学生是一年级，老师一边引导学生思考，说出自己的想法，一边将学生口述的关键词绘制在黑板上的观察思维导图中。这边须特别强调的是，由于思维导图扩散思考的优点，在学生陆续提出眼睛、手、鼻子及耳朵等关键词后，有学生提到利用嘴巴来观察物品，所以老师在思维导图左半边特别强调观察时的安全性；但如果加上观察所要注意的内

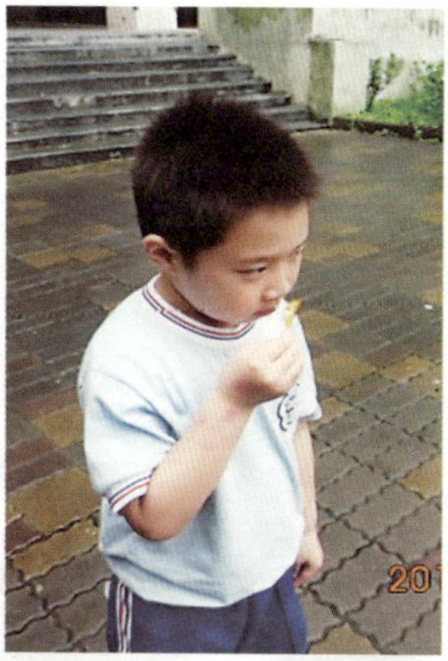

左上：学生户外观察

右上：用鼻子闻

中：进行讨论

下：报告

容，就必须修正思维导图，以观察为中心主题，五官与注意事项为第一阶，这样才符合同位阶须同逻辑的原则。由于是利用黑板手绘，修正时会花较多时间，因此才未实时修正，正确的思维导图应修改为图8。）

（图8）

老师：现在同学们已经有了观察的基本架构，请同学利用此架构观察落叶，并将观察结果记录在思维导图上[注4]。

注4：观察方法思维导图是让学生到教室外观察落叶使用，这张思维导图可以是学生模仿黑板上的观察方法思维导图并画下来，或是老师事先准备好发给同学，或者到教室外捡完落叶带回去边画边观察，可以视时间与学生思维导图的技巧能力进行运用。

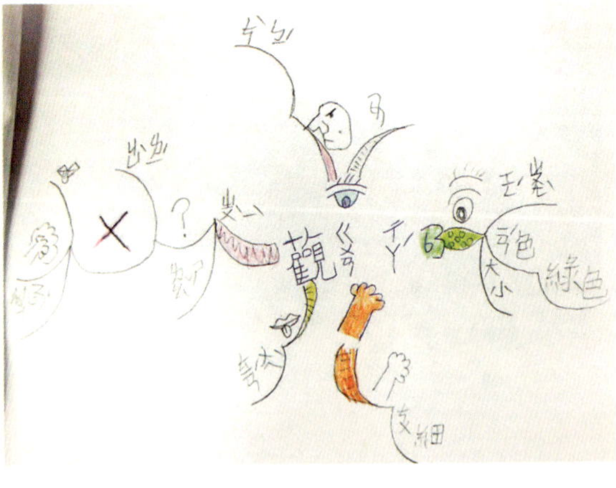

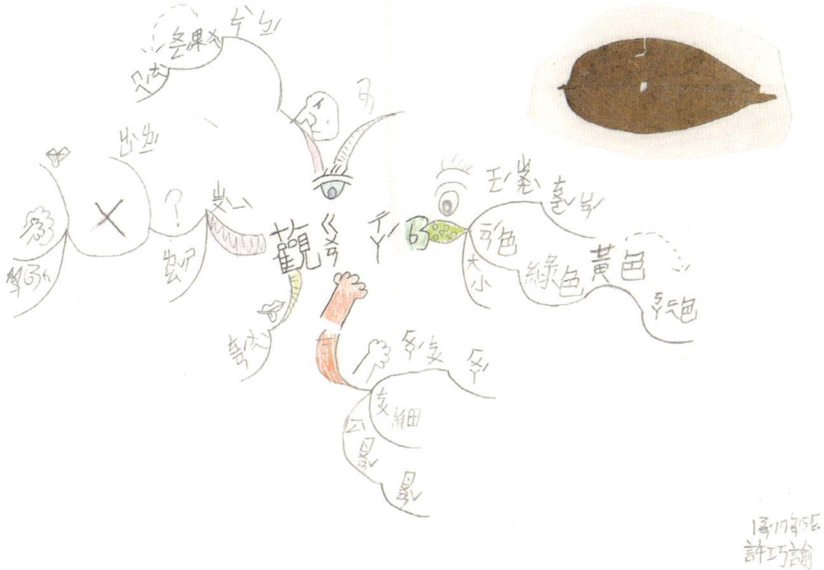
大小
綠色
黃色

2013/5/27 10:05

【附录②】

思维导图笔记
六◦步◦骤

整理一篇文章的思维导图笔记会不会很困难呢?

首先你必须能够掌握思维导图笔记的六个步骤，才不会拿到文章画完重点之后，却不知如何下手。本单元以《台湾碧海水力发电厂》这篇文章，使用绘制思维导图的软件 Xmind，为大家示范思维导图的文章笔记。

（示范文章全文）

台湾碧海水力发电厂

台湾东部地区长期以来自产电力严重供应不足，必须依赖核三厂与日月潭水力发电厂等其他地区电厂的支持。为了配合政府产业东移的政策，以及提升供电质量，减少从其他地区输送电力产生的损失，故台电公司经行政院核定兴建碧海水力发电工程计划。

碧海水力发电厂兴建地点位于花莲县秀林乡与宜兰县南澳乡交界处的和平溪中、上游。于1996年开始动工兴建，2011年完工开始营运，总建造费用约新台币165亿元（约35亿人民币）。由于电厂工区位于未经开发、人迹罕至的深山中，没有道路前往勘查坝区，以及运送兴建所需的大型机具与材料，在施工上具有相当大的难度，台湾电力公司因此引进了重型直升机吊挂大型机具的技术进行协助施工，为台湾大型工程的首例。

在设施方面，碧海水力发电厂的蓄水量为100万立方米，水坝闸门高度有三层楼高，宽度有三个车道那么宽，发电涡轮机的有效水头416.8米，发电方式采调整池式，时间从上午10点到下午4点的用电高峰期，每年总发电量有2亿3千7百万度，可供应6万5千户一年的用电。

台湾
碧海
水力发电厂

步骤一：确认核心主题

思维导图笔记的第一个步骤是确认核心主题，也就是将文章的名称输入到Xmind软件的中心主题区块中。如果可以找到与主题有关、能产生强烈链接的图像，插入到中心主题的方格中强化印象，会有更好的记忆效果。

步骤二：掌握大纲架构

一般而言，在社会科的课文当中，若有段落标题的话，可以用它作为思维导图笔记的大纲架构。从这篇文章当中，我们看到有三个段落，但没有标题，我们就得先阅读文章，自行归纳出这一段的主题是什么。

第一段都是在说明为什么要盖这座发电厂，所以我们以缘起来命名；第二段讲述这座电厂在哪里兴建、兴建的日期、兴建的费用、兴建遇到的难度与兴建首度引进的技术，因此第二段归纳出兴建这个段落的主题；第三段的第一句话直接点出这一段要说明发电厂的相关设施，因此很容易就找出用设施作为段落标题。

步骤三：运用色彩意涵

色彩具有个人的情绪性与感受性，有助于强化长期的记忆。因此根据第二步骤所分出的几个大类，在脑袋里思考一下，每一个类别给你的感觉是什么？用什么颜色来代表比较合适？

例如“缘起”很重要，所以用红色；“兴建”就是开工动土，所以用泥土的颜色；“设施”谈到跟管理有关的信息，因此用蓝色来代表。

步骤四：延伸内容细节

接着分别从每一个大类思考一下，在文章中谈到哪几个中类，每一个中类包括了哪几个小类或内容说明。

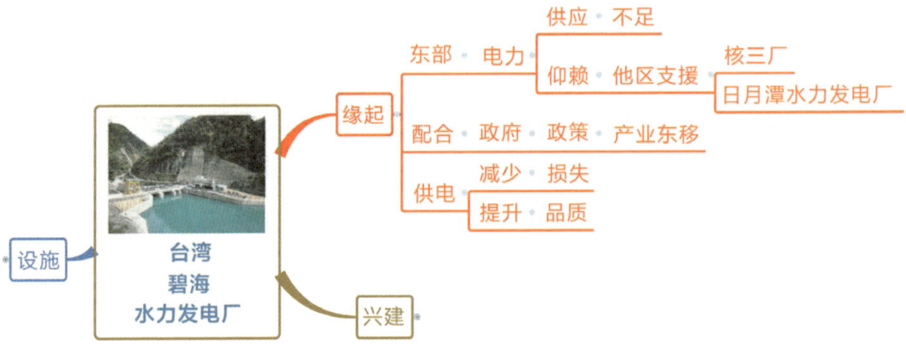

步骤五：思考彼此的关联

透过思维导图树状结构的展开，我们将文章内容以具有逻辑的分类方式，说明了《台湾碧海水力发电厂》这篇文章“缘起”、“兴建”与“设施”这三大类的详细内容。接下来就要思考不同类别的信息，彼此间是否有关联性，这就是思维导图法当中网状脉络的应用。

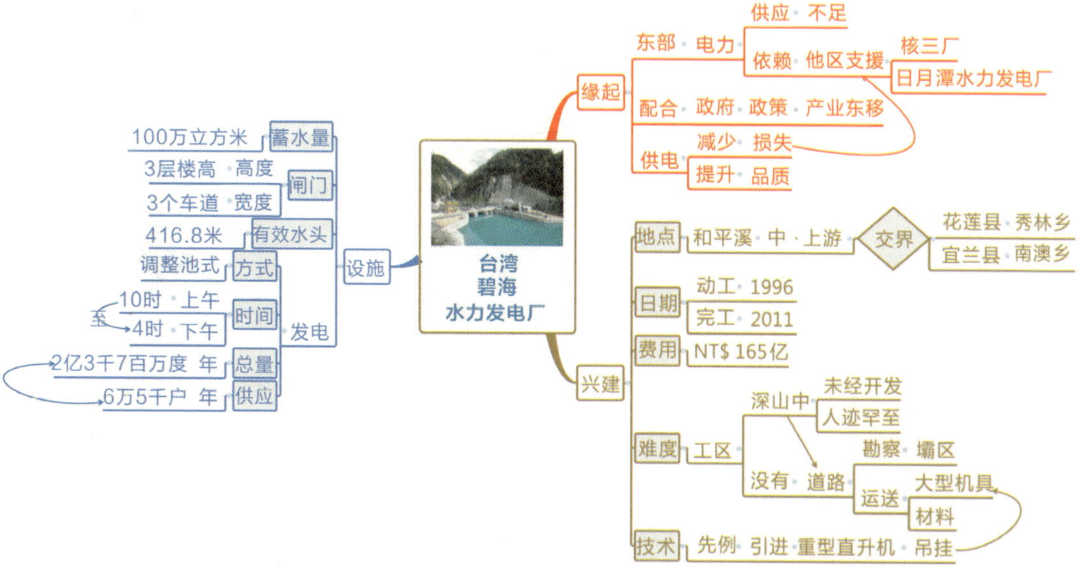

步骤六：加入重点插图

思维导图笔记与其他图解笔记，在视觉上最大的差异在于加入了许多简笔画的插图，图像简单并与想要凸显的内容重点有关联，才能留下深刻的印象。

当思维导图的文字内容已经大致完成之后，接下来就是要在重要关键字的地方加上插图。例如碧海水力发电厂是台湾电力公司首度引进“重型直升机”吊挂大型机具的技术进行协助施工，为台湾大型工程的首例。“重型直升机”是文章中的重点之一，因此在这里加上一个跟内容相关的插图。

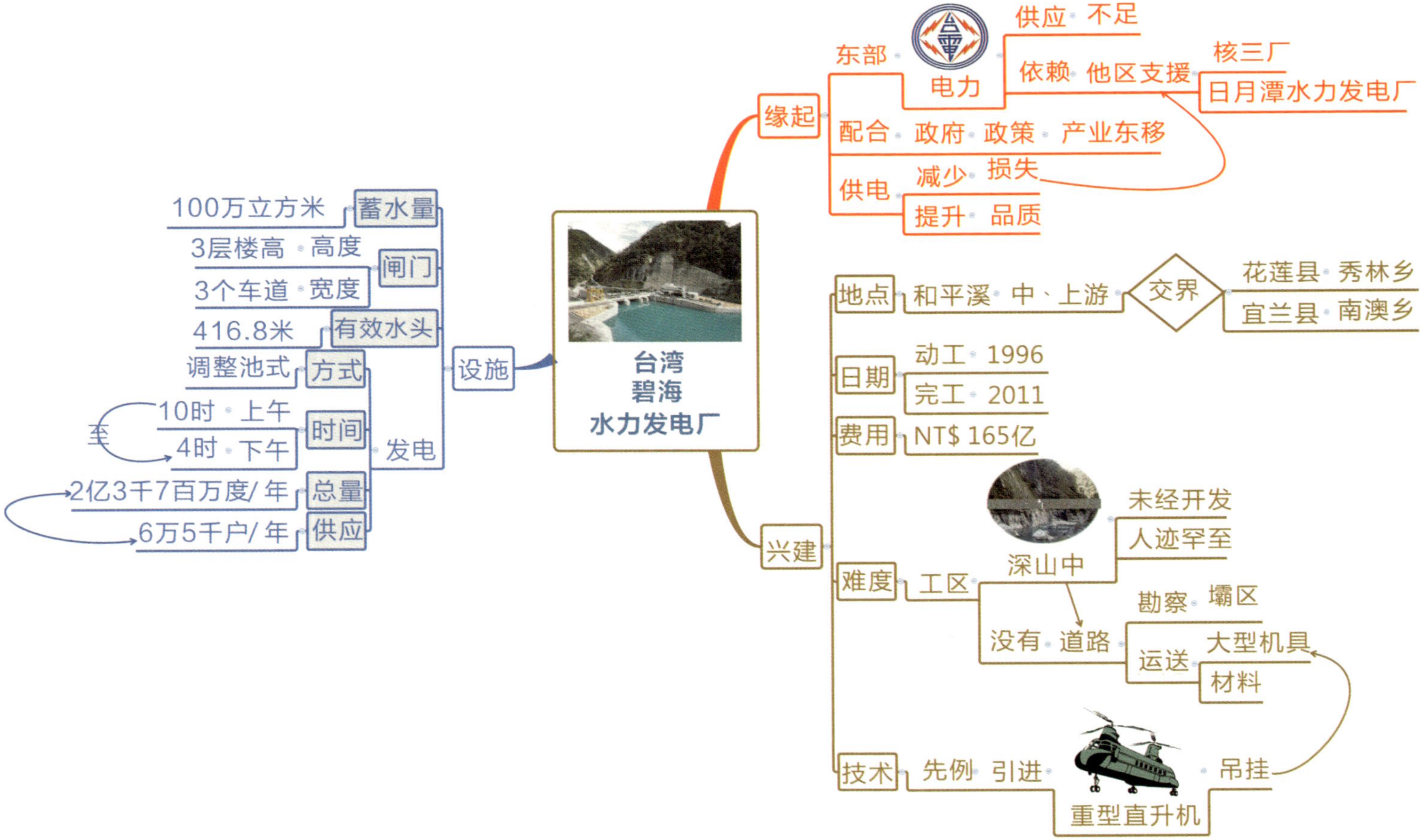
台湾
碧海
水力发电厂
缘起
东部
电力
供应 不足
依赖 他区支援
核三厂
日月潭水力发电厂
配合 政府 政策 产业东移
供电
减少 损失
提升 品质
兴建
地点
和平溪 中、上游
交界
花莲县 秀林乡
宜兰县 南澳乡
日期
动工 1996
完工 2011
费用
NT$ 165亿
难度
工区
深山中
未经开发
人迹罕至
没有 道路
勘察 壩区
运送
大型机具
材料
技术
先例 引进
重型直升机
吊挂
设施
蓄水量
100万立方米
闸门
3层楼高 高度
3个车道 宽度
有效水头
416.8米
发电
方式
调整池式
时间
10时 上午
4时 下午
至
总量
2亿3千7百万度/年
供应
6万5千户/年

图书在版编目（CIP）数据

思维导图法：高效开发孩子的左右脑 / 王心怡，孙易新著．-- 北京：北京时代华文书局，2017.9
ISBN 978-7-5699-1808-3

Ⅰ．①思… Ⅱ．①孙… ②王… Ⅲ．①思维方法－青少年读物 Ⅳ．① B804-49

中国版本图书馆 CIP 数据核字 (2017) 第 210953 号

《用心智图法开发孩子的左右脑》
作者：王心怡 孙易新
中文简体版 ©2017 年由北京时代华文书局有限公司出版、发行
本书经城邦文化事业股份有限公司商周出版授权，同意经由北京时代华文书局有限公司，出版、发行中文简体字版本。非经书面同意，不得以任何形式任意重制、转载。

北京市版权著作权合同登记号 字：01-2016-7996

思维导图法：高效开发孩子的左右脑

SIWEI DAOTUFA GAOXIAO KAIFA HAIZI DE ZUO YOU NAO

作　　者 | 王心怡　孙易新

出 版 人 | 王训海
选题策划 | 胡俊生　樊艳清
责任编辑 | 樊艳清
装帧设计 | 孙丽莉　迟　稳
责任印制 | 刘　银

出版发行 | 北京时代华文书局 http://www.bjsdsj.com.cn
北京市东城区安定门外大街 136 号皇城国际大厦 A 座 8 楼
邮编：100011　电话：010 - 64267955　64267677
印　　刷 | 固安县京平诚乾印刷有限公司　0316-6170166
（如发现印装质量问题，请与印刷厂联系调换）
开　　本 | 710×1000mm　1/16　　印　　张 | 13　　字　　数 | 150 千字
版　　次 | 2017 年 12 月第 1 版　　印　　次 | 2018 年 6 月第 3 次印刷
书　　号 | ISBN 978-7-5699-1808-3
定　　价 | 45.00 元